夢を実現する数学的思考のすべて

苫米地英人
Tomabechi Hideto

ビジネス社

はじめに

数学は問題解決のためのものではない

「数学的思考で問題解決する本ができないか？」という話は以前からもらっていたのだが、あまり気乗りしなかったのは「数学的思考で問題を解決する」という発想に違和感を覚えていたためだ。

数学は問題を解くための道具ではない。

その反対に問題を見つけだすものだ。少なくとも私が学んできた数学はそうだった。自分で問題を見つけ、一瞬にして解く。解き方や、解の証明は、そのあとの話で、正直な話、他人がやってくれたってかまわない。

フェルマーの最終定理がまさにそうだろう。

数学の未解決問題として最も有名だったフェルマーの最終定理は、フェルマーがある本のページの端に「私は驚くべき証明を見つけたが、それを書くには余白が狭すぎる」という言葉を残しただけのものであった。結局、それを証明したのは360年後の数学者なのだ。

しかし、解いた数学者の名前をどれだけの人が知っているだろうか？

ちなみに、解いた人間の名前はアンドリュー・ワイルズだが、結局、賞賛されるのはフェルマーなのである。

一瞬で見つけた解のことを、数学の世界では「エレガントな解」という。数学上におけるエレガントとは最もシンプルなものを指す。現在、ピタゴラスの定理の証明は500ぐらいあるが、その中で一番短いものがエレガントな証明となるわけだ。

エレガントな解は360年が経過しても色褪（いろあ）せることはない。

数学の真髄とは断じて問題を証明することではない。

ちなみにワイルズの「フェルマーの最終定理」の証明は103ページのぼう大な論文である。将来はるかに短いエレガントな証明が見つかる可能性は十分にある。

2015年、ノーベル物理学賞を受賞した梶田隆章東大教授はニュートリノに質量があることを証明した人物だ。しかし、梶田氏がニュートリノに質量があることを確信したのは1986年のこと。その10年後、氏はスーパーカミオカンデを使ってニュートリノの質量を確認した。

その時の氏の言葉はこうだ。

「出ましたね」

彼の頭の中では、1986年の時点で問題は解けていたのである。

ニュートリノに質量があることは自明であり、あとは実験によって質量の確認ができるか、できないかだけであった。

だから、質量が確認できた時に、「出ましたね」といったのだ。

これがエレガントということだ。

クールと言い直してもいい。

数学的に生きるとは、こういうことではないだろうか？

数学的思考で生きるとは、誰にも見えていない問題をいち早く見つけて、いち早く解く。できれば、一瞬で解いてしまうことだ。証明はあとでいい。

ビジネスも本来はそうなのだ。

なにか、新しい企画をプレゼンする時、企画者の頭の中には、成功した結果がはっきり見えていなければいけない。

しかし、多くの人々は、上司にいわれたからなにか企画を提出し、それがもっともらしく見えるための資料を揃(そろ)え、プレゼンテーションをする。

そのプレゼンに説得力を持たせるためにマッキンゼー式論理思考などを学ぼうとする。

本末転倒だろう。

ビジネスとはなにか?

その目的はお金を儲(もう)けることではなく、他人の問題を解決してあげることだ。解決すれば、自然にお金が入ってくるようになっているのが資本主義社会なのである。

では、なぜ、人は問題を解決できないのだろうか?

それは問題がわかっていないからだ。わかっていないから解決できないのである。

結局、数学でもビジネスでも、問題を見つけることがまず大切であり、しっかり問題を把握できれば、解はおのずと見つかるのである。

学問とはなにか？

そもそも学問とはなんだろうか？

例えば、音楽の学問という時にピアノを弾けるようになることを「音楽の学問をしている」とはいわないだろう。

音楽の学問とは、音楽という世界をなんらかの形で解明して記述することであり、それが芸術系大学の教授たちがすることだ。

昔の筑波大学のように教授法を教えるという学問があることはわかるし、それはそれであってもいいが、教授法はあくまでも音楽という学問のほんの一部。作曲や作曲のカラクリを知ることが学問としての音楽になるはずだ。

物理学でいうならば、ニュートン力学を説明することが物理学の学問ではない。車が地上で本当に走ることができるかどうか、を説明されても我々は困ってしまうだろう。そんなことはすでに誰でも知っている。ただし、物理学者ではない一般人はニュートン力学をうまく説明できないだけだ。

しかし、説明できるからといって、蘊蓄（うんちく）以外のなにか意味があるだろうか？

それはピアノが弾けるようになることと同じで、道具の使い方を学んだだけなのだ。ニュートン力学というツールを使えるようになっただけの話。

そうではなく、物理学の学問は誰も知らなかった宇宙のカラクリを見つけ、解明することなのだ。その解明が正しいことを証明できればなおいい。もっとも量子論以降の物理学は証明が難しく実験的に確認しているだけなので数学上の証明といえるかどうかは微妙だ。だから、そういう意味では常に仮説となってしまうが、やっていることは解明して記述することであるから学問なのだ。

重ねていうが、学問とは新しい宇宙のカラクリを見つけ、解明し、できれば証明することだ。

ところが、日本の学校教育ではすでに解かれた問題を出し、生徒たちは答えを出すことを義務付けられている。

もちろん、数学の基礎を学ぶという意味で、小学校、中学校の生徒が、すでに解かれた問題を解くというのはいいだろう。

しかし、それが高校、大学になっても続くというのはどう考えてもいきすぎだ。

さきほど定義したように、すでに解かれた問題を解く作業は決して学問とはいえず、数学者の仕事ともいえないのである。

日本では学問はアレンジ

例えていうなら、数学者とは冒険家なのだ。

誰も行ったことのない場所に行き、見たこともない秘宝を見つけることが数学者の仕事だ。

いや、数学者だけの話ではない。これは学者全体にいえることで、彼らはすでに発見された問題を解いても評価されず、仕事としても認めてもらえない。それが学問の世界の共通認識なのだ。

ところが、驚くべきことに日本の学問の世界だけは違う。

というのも日本の大学では博士論文のテーマを探す時、過去にアメリカで研究済みのテーマと似たようなものをわざわざ選ぶからだ。「以前、アメリカの教授がこんなことをやったんで、私もこれをやります」というと「そうか。それはいいね」と指導教授にいわれる世界。常に真似(まね)が良いとされ、新しいものをやりたいというと、「それは前例がない」の一言で終わりという土壌なのだ。

前例が海外にあり、それを改良しました、より早くしました、より上手に証明しましたということが高く評価されてしまうのである。

それは日本の学問が明治の時代からずっと翻訳文化であり、外国からの知識を取り入れてきた歴史があるからだろう。

そういう環境の中で育ってきた日本の学者たちは、無意識のうちに学問は創造ではなく、アレンジだと思い込んでしまっているのである。すでに問題と解法があって、その問題を上手にひねって便利にすることが学問だと勘違いしてしまっているのだ。

学問のスタンダード

ところがアメリカの大学院の博士課程はまったく違う。一度でもほかの人間が手がけた問題は最初から問題にしてはいけないというルールがある。

だから、歴史のある学問を専攻すると、博士号のテーマを選ぶだけで5年も6年もかかったりする。私の渡米時代にフルブライト奨学生の先輩がイェール大学の歴史の博士課程にいたが、私が博士号を取った時もまだ「テーマが見つからない」と嘆いていた。古い学問ほどテーマはやり尽くされているのだ。

しかし、これは過酷でも厳しいわけでもない。どんな理由があろうと新しいことを探すことが学問なのだ。そうでなければ学問をする意味がないだろう。ピタゴラスの定理をいじっていままでで一番短い証明ができましたといっても、それは遊びにしか過ぎないのだ。本質的には脳トレと変わらない、そんなものを学問というはずがないだろう。

冒頭でも書いたように、「学問は問題を発見することに意義がある」のである。

ところが、日本の大学院では2年の修士課程を修了すると修士がもらえ、その後3年の博士課程を消化すると自動的に博士号までもらえてしまう。一方、アメリカは前述したように学問としての当たり前のルールに則って博士論文のテーマを決め、それが通らなければ、博士にはなれない。つまり、日本の博士号は学問の世界では軽いのだ。

だから、日本では数学云々をいう前に「学問とはなに?」ということを先に理解する必要がある。学問とは誰かが手をつけたものはテーマにはならず、誰も知らない場所を目指すからフロンティアたり得るのだということを。

多くの日本人は数学とはなにかを考える前に学問とはなにかを学ばなければならないのだ。

といっても別に難しいことではない。

その道を目指すプロならば、最初から他人が手をつけたものに興味を持っても仕方ないということぐらいすぐに理解できるだろう。この当たり前のことを当たり前に受け入れればいいだけだ。

そして学問にはそれぞれの学問の宇宙があって、数学宇宙、歴史や音楽、文学の宇宙などがあり、その中の誰も気がついていなかった問題、プリンシプルを見つけることだとわかればいいのだ。

それを実社会に活かすにはどうするべきか、どう問題を発見し解決できるのかを考察するのが本書なのである。

形式論理

なぜ我々は数学をやろうとするのか?

その理由を問題解決と関連づけて考えるならば、解法の訓練であり、頭の使い方の訓練になるから、ということになるだろう。要は、数学を脳トレやIQ訓練のように使おうというものとなる。

もちろん、数学をそういうふうに使っても役に立つ。たぶん、相当役に立つだろう。

フェルマーの最終定理はすでに証明済みであるが、自分なりの証明ができれば頭の訓練としては最高レベルになるからだ。フェルマーの最終定理でなく、よく知られているピタゴラスの定理でもいい。現在、この定理の証明は500以上あるといわれているが、そこにもうひとつ追加できるのであれば素晴らしい脳トレになるだろう。

そして実際に日本の学校がやっているのがこの脳トレ式の数学なのだ。これが上手になると、第4章で出てくる形式論理（フォーマルロジック）が使えるようになるので決して悪いことではない。

形式論理というと日本語で記述しているように感じるだろうが、中身は論理式という数式だ。数式で論理を使えるようにしたのが形式論理であり、これが使えるようになると分野を問わず応用が効く。

なぜ分野を問わず使えるのかといえば、学問分野によって公理が違っても、形式論理を使えば、数式化ができるからだ。

例えば、ホンダジェットのデザインは最初にデザイナーが手書きをするが、最後は数式にしなければ、その剛性を確認することができない。

高層ビルを建てる時、建築士が図面を引くだろうが、最後に数式にしないと本当に建つのかどうかわからない。この時、数式化を行うのが形式論理なのである。

理系の意味

この世界には構造だったら構造という公理の世界があって、系がある。それを形式論理で記述できる人を理系という。

理系とは学問の内容の話ではないのだ。数式をうまく扱える人であり、形式論理を扱える人のことをいうのである。

そしてこれは数学というツールの使い方の話なのだ。日本の教育はこれをずっと数学教育と称してやってきた。しかし、これは数学ではなく、工学に近いのである。

日本は工学の国だから工学＝数学だと思ってしまっても仕方ないだろうし、別段悪いことでもない。医者が数学をやらされるのは化学式を理解したほうがいいし、物理学だってわかっていたほうがいい。

私が以前、一緒に仕事をしていたハーバード大学のＭＤ（医学博士）は、ＭＩＴ（マサチューセッツ工科大学）の核物理学のＰｈ．Ｄまで持っていた。彼らは、その知識を使って世界最初のｆＭＲＩ（磁気共鳴機能画像法）を作ったのだ。これはノーベル賞級の発明であるが、彼らにとってはそんなことはどうでもよく、あくまで研究のための道具として作っただけなのだ。そういう意味では彼らは数学をとことん道具として使っている。

しかし、その向こうで彼らが見つけようとしていたものはまぎれもなく、数学的なものだ。誰も見たこともない世界、見たこともない真実に迫るための思考があった。

これを本書では「数学的思考」と呼ぶのである。

この「数学的思考」というはなはだ捉えにくいものをさまざまな角度から考察、分析し、本当の意味で実社会で活かす道をこれから探っていこう。

もくじ

第2章　数学とはなにか？

第3章　幸福を数量化する経済学と数学

おわりに

第1章

数学的思考とはなにか？

数学は真正面から向き合えば理解できる

数学を理解したいという人はだいたい2種類に分けられるだろう。数学の面白さ、宇宙を解き明かす楽しさに少しでも触れたいという人と、ビジネスツールとして活用したい、という人だ。

もちろん本書はどちらの要望にも応えるものである。

なぜなら、数学の面白さを知ることはビジネスツールとして活用することを含んでいるからだ。

数学の面白さとは、数学宇宙で自在に生きることだ。数学空間を構築し、それを展開することでエレガントな解を導きだすことは、とてもエキサイティングな経験だろう。

これをビジネスツールとして使いたいのであれば、ビジネス空間を頭の中で構築し、その問題点を見つけてエレガントな解を見つければ、即ビジネスになるはずだ。数学を知ることは、そのための最高のビジネスツールになるはずだ。

しかし、プレゼンの説得力を増すためのツールがほしい、商品を売るための知恵がほしいという限定したものとしてしまうと、どうしても無理が出てしまう。

それがまさに「ロジカルシンキングでビジネスを成功」といった類（たぐい）のものだ。どう考えたってそんなものは詭弁（きべん）にしかならない。なぜ詭弁にしかならないかはのちほど解説していくが、ともかく本書の読者には数学と真正面から向き合ってほしいのである。

向き合えば、思っている以上に理解できる。

そのためにも、解法だけを目的とした安易なツール探しをしないでほしい。

数学は言語である

そもそもなぜ、多くの人々が数学を理解できないのか？　から考えていこう。

理由は簡単だ。

数学の表記がわからないからだ。

表記とはいわゆる数式のことであり、数式とは数学のコンテンツを数学者同士でわかりやすく交換するための道具。いわば〝言語〟である。

そう。文系といわれる人々の多くは数学がわからないのではなく、数学独特の〝言葉〟がわからないから、数学がわからないのである。

では、改めて聞こう。

皆さんは、数学の表記を知りたいですか？

それとも中身が知りたいですか？

たぶん、表記ではなくて、中身のことが知りたいはずだ。

では、さらにここで聞きたい。皆さんは数学の中身とはなんだと思っていますか？

例えば、フェルマーの最終定理のことは誰もが名前ぐらいは知っているだろう。特にこういう本を手に取る人ならば、なおさらだろう。

しかし、中身に関して知っている人はそれほどいない。

なぜ、みんな知らないのか？

難しいからだろうか？

とんでもない！

よく見てほしい、左がフェルマーの最終定理だ。

$n \geqq 3$ の時 $X^n + Y^n = Z^n$
を満たす自然数X、Y、Zは存在しない。

これがなにを意味しているのか、といえば、

「nが3以上の場合、$X^n + Y^n = Z^n$ を満たす自然数はありません」

といっているだけなのだ。

任意の数に対してこういったものが成り立つという数学上の真理のひとつを見つけたよ、といっているだけの話。

これが数学の中身だ。

拍子抜けするぐらい、役に立たない。

こんなものが数学のコンテンツならば、「数学の表記だけでなく、中身もいらないかな？」と思ってしまうほどだろう。

しかし、「nが3以上の場合、$X^n+Y^n=Z^n$を満たす自然数はない」も実は表記なのだ。数学宇宙のコンテンツはもっと深いところにある。

それは、「君たちはまだ知らないだろうけど、宇宙はこんな変わった世界なんだぜ」というのを最初に知ることができた歓喜なのである。宇宙の真実と最初に向き合うことができた恍惚(こうこつ)感がコンテンツなのだ。

これを味わうために生きているのが数学者なのである。

では、数学者ではない人々はどうすればいいのか？

別になにも変わらない。数学者同様、宇宙の真理を見つければいいだけだ。仕事という宇宙、自分のゴールという宇宙、趣味という宇宙、お金の宇宙、現実世界の宇宙、それこそなんでもいい。その中で、まだ誰も見つけていない真理をいち早く手に入れるのだ。

数学はそのためにある。数学的思考はそのためだけに使うものなのだ。

もし、この思考を手に入れることができれば、どのような問題だって解けるだろう。
どんな夢もどんなゴールも自らの手にたぐり寄せることができるだろう。
ウソではない。
数学はそのための方法論を持っている。
その方法論をこれから紹介していこう。

言語ならば訳せばいい

さきほど、数学がわからないのは表記がわからないからだといった。
表記とは数式であり、言語だと。
ということは、いくらでも解決法はある。
例えば、フランス人の考え方を知りたいと思った時に、フランス語から学び始める
必要はあるだろうか？
どう考えてもそれは遠回りだろう。フランス人の考え方を知りたいのであれば、日

本語に訳されたフランスの書籍を読めばいい。歴史や宗教、現在の風土、社会構造など、日本語で書かれた資料を読めば、１００％正確ではないにしても、ある程度、必要な知識は得られるはずだ。

数学のコンテンツを知るのもこれと同様で、数学がわからないというのは、数学の言語がわからないだけなのだ。

しかも、数学は現在でも拡張している学問で、応用分野が増えるたびに、表記法も増えている。それをいちいち追っていては、いつまでたっても数学のコンテンツまで辿（たど）りつくことはできない。

例えば、超ひも理論は、いまでは当たり前の物理だが、いまから30年ほど前、ちょうど私がイェール大学の計算機科学科にいた頃（ころ）に、隣の数学科の若い助教授たちが数学として成功させたものだ。超ひも理論自体はその前から研究は進んでいたが、数学的に構築したのは彼らであった。数学的にはほんの四半世紀しか経っていないのである。

私の研究分野である離散数理（りさんすうり）も広い意味では数学で、これはゼロイチの世界だ。この世界はフォン・ノイマンやアロンゾ・チャーチ、アラン・チューリングという先駆者が作ってきたものだが、彼らはゲーム理論やラムダ計算、チューリングマシンなど中身の研究と表記の方法を同時に創りだした。

しかし、そうなると、純粋数学をやっている数学者であっても、表記を見ただけでは、なにを表しているのか、わからない事態が出てきてしまう。

なぜなら、離散数理の高階の述語論理などは人工知能の研究のために作られたものだからだ。これを理解するためには、最初から離散数理の表記法を追っていかなければならないのである。

このように常に拡張し続ける数学は本職の数学者でもわからない分野が出てきているのが現実なのだ。

果たして、数学者でもわからない表記があるものを、一般の人が理解する必要があるだろうか？

私には、そこで立ち止まってムダに時間を費やしたり、数学嫌いになってしまうほうこそ憂慮してしまう。表記など、さっさとすっとばして、数学のコンテンツに触れることを考えたほうがいいだろうと。

とはいえ、読者の中には「表記を覚えなければ、コンテンツに触れることはできないのではないか？」と思った人も多いだろう。

確かに、そう思い込みやすいことはわかる。

しかし、せっかく数学のコンテンツに興味を持ったのに、言語の部分で挫折し、コンテンツに触れてもいないのはあまりにもバカげている。

言語は所詮言語なのであるから、〝通訳〟してもらえば、事足りることが多々ある。もっといえば、本格的に〝言語〟を学んだところで、コンテンツを正しく理解できるとは限らない。大人になってからの学び直しの場合はなおさらだろう。

そもそも数学のコンテンツは、しっかり説明すればそれほど難しいものではない。さきほどのフェルマーの最終定理がいい例だろう。のちほど詳しく触れていくが、ベクトル空間やトンネル効果など文系の人にとっては聞いただけでもわかりにくそうなことも、きちんと説明されれば普通に理解できるのだ。そしてなにより大切なのは、これが理解できるようになれば、頭の中で情報空間をより自由に操ることができるようになるということ。

そして、情報空間を自在に操ることは＝ＩＱを上げることに通じる。

それが数学の宇宙を理解する成果となる。

そのためにも数式にばかりこだわることはいち早くやめるようにしてほしい。

文系にもわかる量子論

数学の豊穣（ほうじょう）なコンテンツを手に入れるためには、数式を克服することが大切だ。

そのためには、数式は、〝通訳〟を介したほうが効率がいい。

では、数学における通訳とはなんだろうか？

理想をいえば、詳しい人間に解説してもらうことだ。数式が意味するところをわかりやすい日本語で教えてもらえばコンテンツを理解することは難しいことではない。

しかし、詳しい人間がいつも身近にいるとは限らない。そんな時はどうすればいいかといえば、日本語で書かれた本を読めばいい。

ただ、残念なことに日本には数学のコンテンツについて書かれたものがとても少ない。数学といえば受験対策用のものか、数学的思考を使ったビジネス書のようなものばかりだ。数学者に焦点を当てた自伝的なものもあるが、数学のコンテンツからはやはり外れてしまう。

よって、本書ではそこを考慮し、数学のコンテンツがわかるように数式を〝通訳〟していきたい。

では、いきなりだが、量子論からいこう。

量子論なんか文系には難しくてわからないとよくいわれるが、そんなことはない。それどころか、老若男女すでにほとんどの人がそれと知らずに量子論を身近に置き、自在に使いこなしているのである。

一例を挙げればスマートフォンだ。

スマホにはＩＣチップが使われており、これは量子論がなければ完成しない。なぜなら、トンネル効果を計算しなければスマートフォンの中に入っている超ＬＳＩは作れないからだ。

トンネル効果も難しくはない。
なぜなら、不確定性原理を理解すればいいからだ。
もちろん、不確定性原理も難しくはない。
いまから私が説明しよう。

不確定性原理の意味

不確定性原理はこれまで私の著作の中でなんども説明しているので、知っている人も多いと思うが、コアの部分を理解するだけならとても簡単だ。

不確定性原理の最初のバージョンは左の不等式となる。

$$\Delta l \times \Delta v > h$$

⊿（デルタ）とは誤差のことで、l はロケーションで位置を意味する。

vはベロシティで運動量と方向と定義されるが、今回は運動量とする。そしてhはプランク定数で10のマイナス34乗ぐらい小さい数字だと理解してくればいい。

この不等式が意味するところは、位置と運動量を掛けても絶対にゼロより大きくなるということだ。

プランク定数がいくら小さいといってもゼロではないわけで、それより大きいということはlもvも絶対にゼロにならないことはわかるだろう（ちなみにhは2分の1にして$\geq$にするのが正しいが、この説明をする際には2分の1にしようがしまいが不等式の意味合いは変わらない。ゼロよりも大きいということが理解できれば十分なのでhのまま表記している）。

そして、Δは誤差のことであるから、誤差がゼロではない、ということは位置も運動量も絶対に誤差が出る、ということ。必ず位置に誤差が出るということは「すべての存在は不確定だ」となる。

だから、不確定性原理なのである。

$\Delta l \times \Delta v > h$ の不等式が表現しているのは以上のことだ。説明を聞けば、それほど難しい話をしているわけではないことがわかってもらえるだろう。

ついでなので、現代バージョンの不確定性原理についても解説しておこう。

$$\Delta e \times \Delta t > h$$

e はエネルギーで t は時間となる。これは「エネルギーがゼロ、時間もゼロということはあり得ない」といっているのである。つまり、時間にもエネルギーにも最小量がありますよといっている。

ただ、そういわれてもなにを表現しているのか、わからないだろう。

この数式の意味するところは「真空は作ることができない」というもので、真空は作った瞬間に〝存在〟がどこからか飛び出してしまうのだ。

実は量子加速器はこの原理を使って作られている。真空を作ることで、なにかを生み出しているのだ。あれは無から有を作り出す機械ということになる。

ただし、真空を作っているだけでは、なにが出てくるか、永遠にわからないので、望むものが飛び出す確率を上げるために粒子をぐるぐる回して加速し、短い時間に高エネルギーで衝突させて高い確率で、なにかを出しているのである。これを量子加速器というわけだ。粒子を衝突させることで加速したものではない、別のなにか、を出現させているのである。

そういう意味では、ヨーロッパ共同原子核研究機構（CERN(セルン)）のLHC加速器（世界最大のハドロン衝突型加速器）も実体化した量子論といっていいだろう。

トンネル効果

トンネル効果に話を戻そう。

最初のバージョンである不確定性原理$\Delta l \times \Delta v > h$によって、位置と運動量は確定できないことがわかった。量子はどこに出現するかわからないわけだ。

ところで、量子とはなにか、を説明しておくと、不確定性が出てしまうほど微細な粒子という意味だ。

電子は量子の中でも最大クラスの粒子であるため、不確定原理によって「位置は確定できない」ことになる。つまり、ＩＣチップの中の電子がどこにいるかわからないのだ。

わかりやすいようにもっと具体的にいおう。

まずＩＣチップの中にはもの凄く細い電線が通っており、その電線は絶縁体で覆われている。電子は電線の中を通っているのであり、本来ならば、絶縁体の外には飛び出すはずはない。

ところが、実際は、電子は絶縁体を超えて外に漏れてしまう。まるでトンネルでもあるかのように絶縁体を電子がすり抜けていくので、これをトンネル効果というのである。

なぜ、こんな現象が起きるのかといえば、不確定原理によって量子はどこに出現するかわからないからだ。量子の位置は不確定であるため、絶縁体の向こう側に出現する可能性があり、実際に出現するのである。

こういった電子のふるまいはとても問題だ。要は、リーク電流＝漏電が発生していることを意味するからだ。さすがにリーク電流による機能的なエラーは計算して消しているだろうが、消費電力はどうしても高くなってしまう。いまの超ＬＳＩは集積率が上がっているので、なおさらだろう。

これはＩＣチップのメーカーにしてみれば大問題で、現在のように消費電力の少なさを競い合っている集積回路の世界では、トンネル効果をいかに少なくしていくかが勝負の分かれ道なのである。

これがＩＣチップの中の出来事なのだ。電子が絶縁体をすり抜けて飛び出してくる世界。その電子をマネージするために量子論を駆使する人々がしのぎを削る世界。そして、その成果である超ＬＳＩを使った製品を子どもから老人までが普通に使いこなしている世界が、いま我々が住んでいる現実世界なのだ。

我々はいままさに数学的空間に住んでいるのである。

数学的思考とはなにか？

私たちは数学宇宙の中で、すでに生活し、あまつさえ、それを縦横に使いこなしている。携帯電話を使う時、パソコンを立ち上げる時、飛行機に乗る時などなど、すでに数学の成果を思う存分享受している。物理的に数学空間の中にいるといってもいいぐらいだろう。

私たちはすでに体感的に〝数学宇宙〟を理解しているのである。であるのに、現実を見ると、多くの人々が数学を誤解しているのはどういうことであろうか？

その最たるものが、「数学的思考で問題解決」という発想なのだ。書店をのぞけば、そんな類の本が平積みで並び、ベストセラーランキングの上位に入っている。

しかし、いま説明したように現代人はすでに皆、数学空間の中に入っており、そこで自由な発想を繰り広げている。Facebook や Twitter を使ってビジネスをする。あるいは、もうそれは古くて別の新しいなにかを開発している。そういったことが数学的思考であり、要は数学の成果をどう生かすかが、数学的思考なのだ。

ところが、書店をのぞくとどうも様子が違う。

数学を単なる解法のためのツールとしてしか認識しておらず、いわゆる数学的思考＝論理的思考で問題解決といった発想で作られた本が多いのだ。

もちろん、大人のための数学の学び直しといったもので、数学の真髄に迫るようなものもあるが、やはり前者のほうが多いのが不思議でならない。

たぶん、この原因は学校教育で数学をまともに教えてもらっていないからだろう。

なぜ数学を理解できないのか？

なぜ多くの人が数学を理解できないのか？

その理由は日本の学校教育では数学を証明の道具として教える以外のことをほとん

どしていないからではないだろうか？

授業でもテストでも、数学の問題は常に答えが用意されていて「正解がない」なんてことは絶対にない。もしも、そんな問題を作ったら文部科学省に怒られてしまうだろう。

しかし、最初から解がわかっているものを解くというのは、クイズや脳トレとなにが違うのだろうか？　これが子どもの頃だけならば、まだ理解はできるのであるが、日本の数学教育は大学に入っても答え探しが主なのだ。

数学は公式を覚えて数字を入れれば答えが出てくるもの。生徒もそう思っているだろうし、たぶん、数学の教師もそう思っている。答えを出すのが数学。そのために使うのが数式。つまり解法のための道具。これが日本における数学教育だろう。

しかし、私が日本の中学入学時期に留学したアメリカ（飛び級しているので留学期間は中学、高校、大学合わせて約2年半。大学院はイェール大学とカーネギーメロン大学、2つ合わせて約6年）では数学で重要視されるのは思考であり、具体的にいえば図形化であったり、グラフ化であったり、文章化であった。九九のような暗記ものも決してなかったわけではないが、大して重要視はされていなかったのだ。

もちろん、日本の暗記重視の教育法が１００％ダメだというわけではない。数学と理科の教育に関する国際的な評価動向調査ＴＩＭＳＳの２０１５年小学生の部の結果を見てみると、日本は第5位にランキングされているのに対してアメリカは第14位と低い。中学生の部でもアメリカは第10位で第5位の日本に負けている。こういった結果は２０１５年だけではない。１９９５年の第1回ＴＩＭＳＳからずっとそうで、アメリカは数学と理科で日本に勝ったためしがない。

であるのに、なぜ、日本の教育法の批判をするのかといえば、ＴＩＭＳＳで行われているアンケートにこんな結果があるからだ。

「数学は楽しいと思いますか?」という質問に「凄く楽しいと思う」と答えた小学生が日本では29・2％なのに比べ、アメリカでは51・1％にものぼっている。中学生では日本13・2％に対してアメリカでは27・2％という数字が出ている（２０１１年調査）。

また、「将来自分が望む仕事につくために数学で良い成績を取る必要があるか」にだ。

「数学を使うことが含まれる仕事につきたいか」では「強くそう思う」と回答した日本の中学生はわずか4・4％、この数字は主要先進国10カ国中最下位だ。一方、アメリカは上から3番目の16・3％という数字が出ている。

参考までに第1回から最新の第6回までほぼトップを独占しているシンガポールの数字を紹介すると、51・1％の小学生が「数学が凄く楽しい」と答え、43・1％の中学生が「数学が凄く楽しい」と答えている。

これは日本の数学教育に楽しさがなく、将来性も感じないような教育を施していることの証拠だろう。

では、シンガポールやアメリカが行っている数学教育とはなにかといえば、暗記ではなく、思考訓練なのだ。単純にいえば、問題の図形化やグラフ化であり、クリティカル（批判的）に物事を見ていく力なのである。

さらにいえば、アメリカのトップの数学教育は、日本とは根本的に違う。

日本の教育は落ちこぼれを出さない教育が基本となっているが、アメリカは、できる人間ができればいい、わかる人間だけがわかればいいという教育で、よくいえば、その人の能力に合わせたものなのだ。裏を返せば、できない人間には教える必要はないという考え。だから、日本と違って落ちこぼれる人間が大量に出る。

アメリカのコンビニで現金払いをすれば、それはすぐに実感できるだろう。例えば、73セントの品物をレジに持っていって1ドルを出したとしよう。日本人ならば即座に27セントのお釣りを暗算してよこすが、向こうは違う。最初に7セントを出す。これは73セントに7セントを足して80セントにするためだ。80セントになったら、今度は10セントを出す。これで90セントで、もう1回10セントを出して1ドルとし、そこで、出した27セントをお釣りとして客に渡すのである。彼らはお釣りを足し算で計算しているのだ。日本人にとっては「まさか」という感覚だろうが、多くのアメリカ人は引き算ができないのである。

アメリカはよく格差社会といわれるが、それは収入だけの話ではない。普通教育に関しても恐ろしいほどの格差社会なのである。

できる人間はどこまでも優遇してくれる。しかし、できない人間はすぐに切り捨てる。

実際、私のアメリカ留学時代は中学と高校はともに半年で飛び級し、中２の時には大学の授業に移っていた。といっても大学にかよっていたわけではない。大学から私のために教授が教えに来てくれていたのだ。

大学院の場合は授業にもほとんど出ていない。教授にチャレンジして、教授が出す問題を解いてしまえば、授業に出ずにＡを貰えるのだ。

私がイェール大学院の時は１年の後半で大学院の３年分を終わらせている。イェールからカーネギーメロン大学院に編入した際は、ほとんど知られていなかったモンタギュー文法（論理学者リチャード・モンタギューが創りだした様相論理という高階述語論理を利用して、統語論と意味の並列的解析を、有名なＰＴＱ論文で提案した言語理論で、当時としては画期的であった）をモンタギュー本人以上に上手に解説し、学会にデビューさせた、もともとイェールにいた著名な哲学者リッチ・トマスン（Rich Thomason）教授に初日に挑戦した。彼はサーカムスクリプションという当時話題だった高階の述語論理のひとつの研究テーマに関した問題を出してきたが、本人の前でホワイトボードの上で難なく解くことができた。お陰で私は授業から解放され、Aを貰い、自分の研究を進めることができた。１９８７年頃の話である。

もちろん、必要な授業には出ている。ノーム・チョムスキーの孫弟子のロビン・クラーク教授からはみっちりチョムスキー文法を仕込まれている。

アメリカの教育法は思考を確かに重視するが、それは基本的なアプローチの仕方であってトップの部分は、優秀な人間を集めて好き勝手に研究させることなのだ。当然だろう、全世界から集められた直観的に真実に到達する天才たちに対して、どんな教育方法があるだろうか？

アメリカと日本の教育を比較すること自体がナンセンスな話なのである。日本がアメリカの教育法から学ぶことは思考を大切にすることは当然として、トップの教育法をどう取り入れるか、だ。つまり、天才たちの伸びようとする芽をつまないこと。アメリカのように、優秀な生徒には大学から教授が来るようにするなどの差別化は必要だろう。

落ちこぼれを出さない教育は決して悪いものではない。ただし、それが行き過ぎれば暗記一辺倒になってしまうように、問題はバランスなのだ。

文芸批評と化した哲学

こういった学問の暗記化、あるいは無批判に受け入れてしまう日本の教育の傾向は数学のみならず、哲学でも同様だ。

以前、ある有名国立大学の哲学科の学生に「なにをやっているのか」と聞いたら「カントをやっています」といわれたことがある。

最初、私には「カントをやっている」の意味がわからなかった。「この彼は役者かなんかでカントの役を自分のものにするためにカントを〝やっている〟のかな」と本気で思ったぐらいだ。

しかし、話を聞いているとどうやらそうではなく、イマヌエル・カントについて研究していることを〝カントをやっている〟といっていた。つまり、日本の哲学者は哲学をしているわけではなく、過去の哲学者の業績をトレースしているだけだったのである。

それでは文芸批評となにが違うのか？

しかも、カントがいうアプリオリ＝普遍的で先駆的な真実は現代では間違っていたことが判明しているのに、彼の過去の思考をなぞることを研究といって平然としている。

そうではないだろう。研究するのはその先のはずだ。カントは知識について定義した人なのだから、「知識とはなにか」を研究するべきであり、それが哲学だ。

そして、哲学は現在、大きく分けてメタフィジックスとオントロジーの２つに分かれている。

メタフィジックスは日本語では形而上論（けいじじょうろん）というが、これは論理を突き詰めていくことであり、まさに論理思考を考える分野で、「論理思考で問題解決」はこの分野がドストライクなのである、本来は。オントロジーは存在論といって存在そのものに対する知識の素となるもので、簡単にいえば〝私〟について突き詰めていく。

そして、数学は哲学から生まれてきたもので、デカルトたちが数学の記号を作ったことは有名だ。

そして、数学を苦手とする人々は、この数学の記号、表記の部分で挫折してしまうのである。

$\Delta l \times \Delta v > h$ はこの世に確定的なものはなにもないことを表す数式

しかし、さきほどもいったように数学は宇宙の理に直感的に気づいて、それを記述するものだ。その記述にたまたま数式を使っているだけで、もしも、ほかに効率的に表現できるものがあれば、数学者はそれを使うだろう。

いわば、数式は便宜的に使っているだけのもので、これを理解することが数学の中身でもないし、重要なことでもない。

ところが、数学がわからない、数学が苦手だという人々はこの数式が理解できないことで、数学から離れていく。数式など、数学のコンテンツを表記するための道具であり、いわば〝言語〟のようなものであるのに、それがわからなくて数学から離れてしまうというのはあまりにも、もったいない。

宇宙の理とはなにか?

私たちはなんのために生まれ、なんのために生きるのか?

より良く生きるにはどうすればいいのか?

そこに具体的に答えようとしているのが、数学なのである。

大切なのは数学のコンテンツなのだ。表現方法ではなく、表現された中身のほうなのだ。

$$\Delta l \times \Delta v > h$$

これは不確定性原理を表す難しい数式ではなく、「この世には確定的なものはなにもない」ということを表現している〝言語〟なのだ。

それに対して、アルベルト・アインシュタインは、「そんなことはない。人間がまだ真理に辿りついていないだけだ」と反論している。この時に、あの有名な「神はサイコロを振らない」という名言を残したのだ。天才といわれた物理学者が神という言葉まで出して否定しようとしたのである。

また、ゲーデルの不完全性定理もそうだ。

これは完全なものなどないことを表現している〝言語〟である。

――完全なものはない――。

ということは、

――神も存在しない――。

数学者はこういうことを表現しているのである。

実際、不完全性定理を発表したあとのゲーデルは、逆に「神の存在証明」（Gödel's ontological proof＝ゲーデルの死後にこの論文は発表される）に没頭するようになり、精神を病んでしまう。

確かにそれは不幸なことである。

しかし、病むほど全身全霊を打ち込める魔性の魅力に満ちたもの。

それが数学なのである。

第2章

数学とはなにか?

数学空間を自在に構築する

数学とはなにか？

そもそも数学とは「〝数学の宇宙〟があることを前提とする学問」だ。

わざわざ〝宇宙〟と表現する理由は広がりを意識してほしいからで、数学宇宙とは、物理宇宙以外の数式で表される世界のこととなる。

物理以外の宇宙なんてこの世にあるのか？ と思う人もいるだろうが、例えば、3－4＝－1と数式に書くことはできても、「3つあるボールから4つのボールを取って」といわれてもできないわけだ。

たかだか引き算を考えるだけで、我々は簡単に物理空間から離れて想像の世界である情報空間に入ってしまう。

数学思考で最も大切なのはここだ。物理空間から離れて情報空間を自在に構築することである。

特に数学は数式からグラフや図式へと変換することが基本だ。微分はグラフの接線が引けるかどうかだ。

あとで出てくるが、高階の述語論理を計算機で実装すると偏微分方程式の近似解で、いまだったら何億次元の偏微分方程式の近似解を解くわけだが、その何億次元のイメージが頭の中にないと有効に使うことができない。

数学的思考というのは、具体的には、情報空間の中で、数式を図形化あるいはビジュアル化する能力をいうのである。

特に、学者ではない一般の人々が、数学的な頭脳を欲するならばなおのこと、物理空間ではなく、情報空間におけるビジュアル化に注力するべきだ。それは問題そのものの構造を頭の中で組み上げ、そして構築しなおすことで問題を解決する能力をいう。

この感覚を得るのは難しいように感じるかもしれないが、実際にやってみるとそうでもない。逆に数式を見ながらのほうが実感しやすいのではないか、とすら思う。

ともかく、いまいえることは、

「問題という名の迷路を整理して、スタートとゴールを一直線でつなぐ道を作る」あるいは「迷路を階層化させて、見たこともない構築物を作り出す」。

こういったイメージを頭の中で操作することが数学的思考なのである。

それをするから、一瞬で解を見つけたり、誰も気づかなかった問題に気づくことができるのだ、ということを理解してほしい。

なぜマイナス×マイナスがプラスになるのか？

それでは、簡単な数式を情報空間に組み上げる方法を体感してもらおう。

まずは、マイナス×マイナスがなぜプラスになるのか？　だ。

たぶん、多くの人は学校で「マイナス×マイナスはプラスになる」と教わっているので「分速マイナス3メートルの車がマイナス4分進むと、車はどこにいるか」と問われても、マイナス3×マイナス4でプラス12メートルの地点と答えることができる。

しかし、なぜそうなるのか、と聞かれると答えに窮する人は意外に多い。「マイナス×マイナスはプラスになる」と暗記しているだけだからだ。

どういう理屈で、プラスになるのか？

それを情報空間の中に構築することができるか、頭の中に思い描くことができるか、が大切なのだ。

試しに思い浮かべみてほしい。

まずはマイナス３だ。

これは分速３メートルで進む車をイメージすればいい。その車が後ろ向きに走ったのだろう、というのがマイナス３メートルだ。しかし、なぜ、それがプラス12メートルの地点にいるのか？　がどうにも不可解な感じがするのがいわゆる文系といわれる人たちのようだ。

ところが、数学を理解している人間にとってはちゃんとプラス12メートル地点に車が動いているし、どういう動き方をしたのかも、わかっている。

「分速マイナス３メートルの車がマイナス４分進む」を情報空間の中で構築できているのである。数学的思考にとって、これこそが重要なのだ。

では、どうやればいいかを、これから説明しよう。

マイナス3メートル進む車とはどういう意味なのか

「分速マイナス3メートルの車がマイナス4分進むとプラス12メートルの地点にいる」

これを数式にすると、

$-3 \times -4 = 12$

となる。

これを説明する前に、プラスとマイナスがどういうものかを解説しておかなければならない。

通常、プラスを足す、マイナスを引くと誰もが思っている。そのため、どうしてもプラスとマイナスを増減と思ってしまう。

しかし、プラスとマイナスの捉え方は増減ではなく、「方向」なのだ。

プラスはプラス方向への移動、マイナスはマイナス方向への移動である。X軸の右

図１

プラス、マイナスは増減ではなく「方向」！

プラスは、プラス方向への移動のこと
マイナスは、マイナス方向への移動のこと

方向に動くのがプラス、左方向に動くのがマイナスというような考え方だ（**図１**）。

よって、

$$3\times4=12$$

は、右方向に４分間進むからプラス12メートルの地点に車が移動するのである。

では、

$$-3\times4=-12$$

の場合はどうだろうか？

これは車がマイナス方向、つまり左方向に４分間進んだ距離なのでマイナス12の地点への移動となる。

$$3\times-4=-12$$

ではどうなるか、というと右方向に３メートル

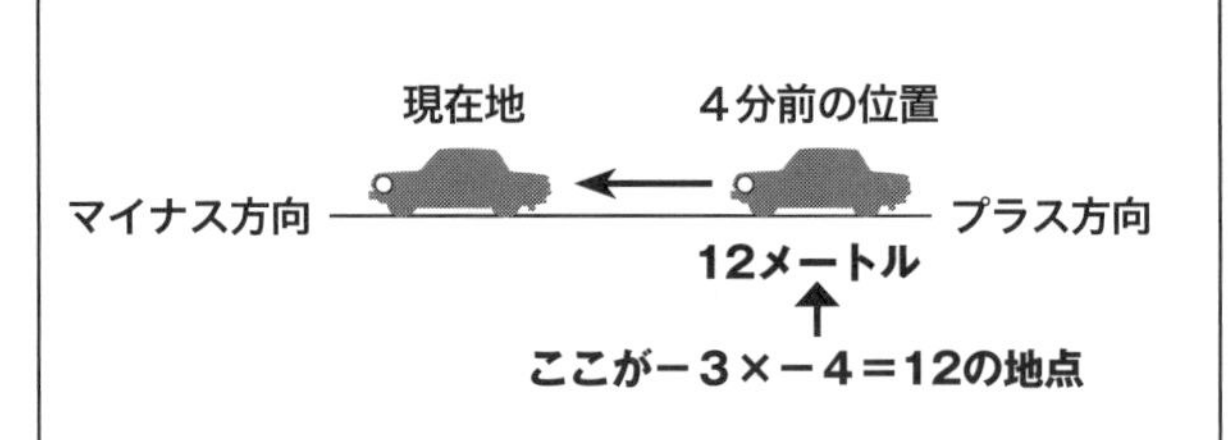

進む車の4分前の位置ということで、マイナス12の地点というわけだ。

つまり、

$-3 \times -4 = 12$

は、左方向に3メートル進む車の4分前という理屈となり、プラス12の地点となる（**図2**）。

わかってもらえただろうか？

ベクトル空間を感じる

実はいまの説明はインターネットなどでよく見かける「マイナス×マイナスはプラス」の解説だ。

数学をもともと得意としている人であれば、難なくわかる説明だろう。

しかし、文系はこれが理解できないようなのだ。実は本書の編集者も文系で、この説明をネットで読んで一瞬納得したのだが、しばらくしたら腑に落ちなくなってしまったというのである。

「分速マイナス３メートル進む車の４分前という意味がわからない。計算していて過去に戻るという感覚がすっきりしない」というのだ。

すっきりしない理由について、少し詳しく聞いてみると、前述の説明を時間と空間の概念として理解しているようなのだ。

しかし、そうなると、ベクトル空間の理解から遠ざかってしまう。

さて、いま急に出てきたベクトルという言葉だが、これは日本語で「方向」であり、プラスとマイナスのことだ。

であるので、ベクトル空間を意識しながら、「マイナス×マイナスはプラス」を解説し直してみよう。

X軸上の０地点に車がいると仮定する。プラス方向とは右に移動することで、マイナス方向は左向きに移動することとしよう。

この前提で、3×4を考えると、分速3メートルの車が右方向に4分間動く意味になり、X軸のプラス12の地点に車は移動する。

−3×4は分速3メートルの車が左向きに4分進んだことになり、X軸上のマイナス12となる。

では3×−4はどうだろうか？

さきほどの説明を使えば、分速3メートルの車が過去に4分戻ることで、X軸上のマイナス12に行くとしていたが、これだと、〝過去〟という言葉の意味に引きずられてしまい、わかりにくくなってしまう。本書の編集者がその典型だと思う。

なぜ、こんなことが起きるのかというと、本書の編集者が文系にも〝ほどがある〟から、ということはさておいて、マイナスとプラスの定義が方向のほかに過去と未来といった時間軸になっているからだ。なので、ここでは過去と未来を使わず、プラスは順向き、マイナスは逆向きと理解してほしい。

すると、3×−4はこうなる。

プラス3とは順向きに毎分3メートル進む車であり、そこにマイナス4を掛けると

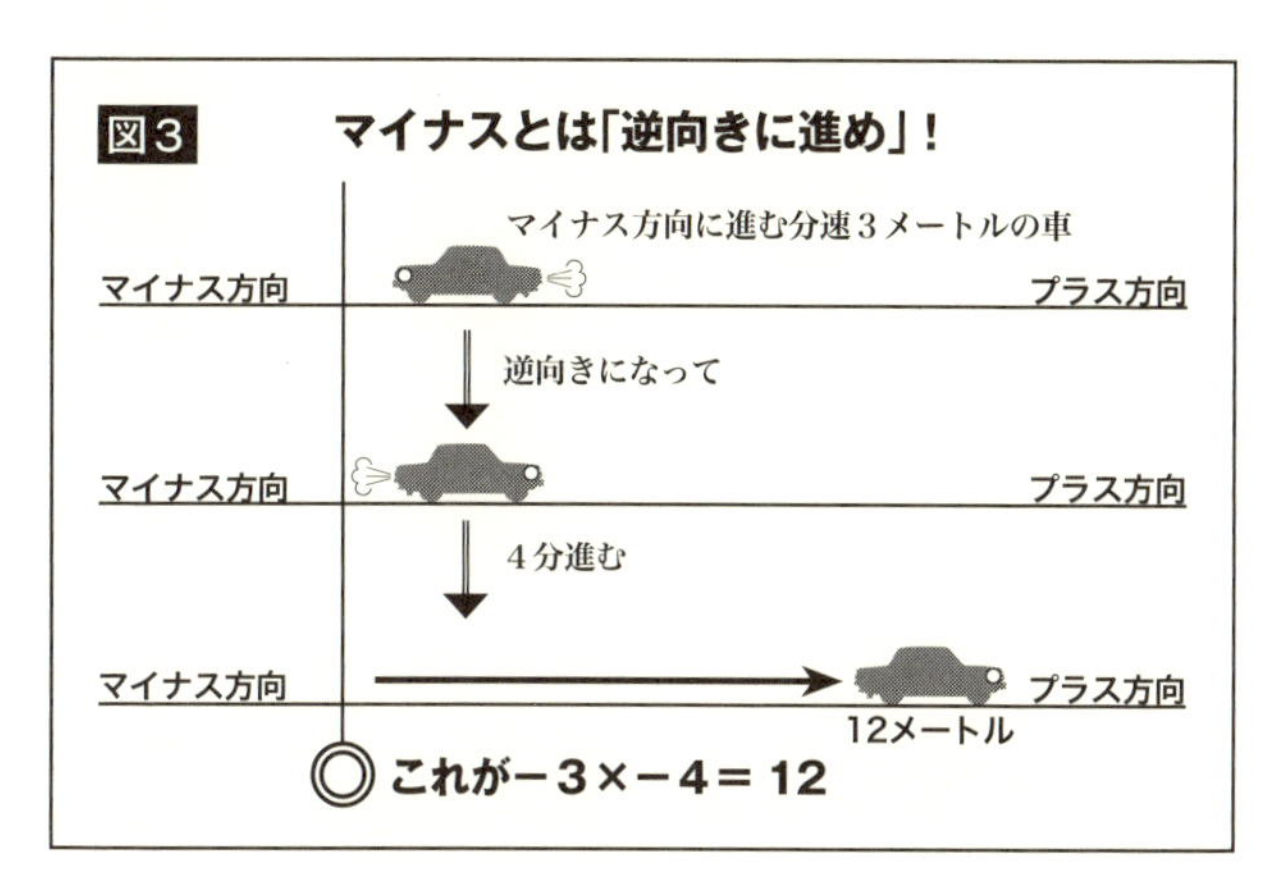

いうことは、「車を逆向きにして４分進め」という命令になるのである。つまり、X軸上の右を向いている車は〝右とは逆〟つまり左向きになって、そのまま進めばいいのだ。その状態で４分進むからマイナス12の地点に辿（たど）りつくのである。

−３×−４も同様だ。

マイナス３とは毎分３メートル進む車が左向きになっている状態で、これにマイナス４＝「逆向きになって４分進め」と命じるからプラス12の地点に移動するのである（**図３**）。

これがベクトル空間である。

数学思考とは決して方程式の暗記ではない。計算ではましてない

ベクトル空間は物理空間でいえば、「方向」と「運動量」によって決まる空間のこととなる。

「方向」とはさきほどいったように、順向きか、逆向きかのことをいい、「運動量」は、原点からの長さのことになる。

つまり、プラス3とは順向きに3つ分〝伸びる〟ことをいうのである。

たぶん、ここでまた少しわかりにくくなってきたのではないだろうか？

運動量？　伸びる？　一体どういう意味だというわけだ。

通常、プラス3に移動するといった場合、プラス3の地点に原点から動くことをいう。0からプラス3へ点から点への移動だと理解するだろう。

しかし、「運動量」は点から点への「移動距離」だ。「移動距離」のことをいっているがゆえに「長さ」であり「運動量」というわけだ。

例えば、３６０度のサイン空間（要は円）を想像してほしい。

その中心点を始点と考えると、ある方向が決まって運動量が決まれば、その方向に向かって運動量分だけ始点から伸びた地点が座標になる。

さきほどの３×４であれば、始点からプラス12の地点に伸びる運動量が座標というわけだ。分速３メートルの車でいえば、上方向に12メートル移動した〝地点〟ではなく、移動した〝距離〟のことを運動量といっているのである。なぜここにこだわるのかといえば、「常に原点を始点」にしてほしいからだ。

数学空間をよく理解していない人は、ここをよく間違えてしまう。原点を始点とせず、移動した地点をイメージしてしまい、そこを始点に動こうとしてしまう。

例えば、ベクトル空間を理解していない人が、Y軸上のマイナス３の座標といわれたら、マイナス３の地点に車を移動させるだろう。

しかし、それでマイナス４を掛けると、車はマイナス３の地点で逆向きになって４分間進むことになり、答えはプラス９の地点になってしまう。

そうではなく、イメージとすれば運転席は常に始点で動かず、車のボンネットが伸

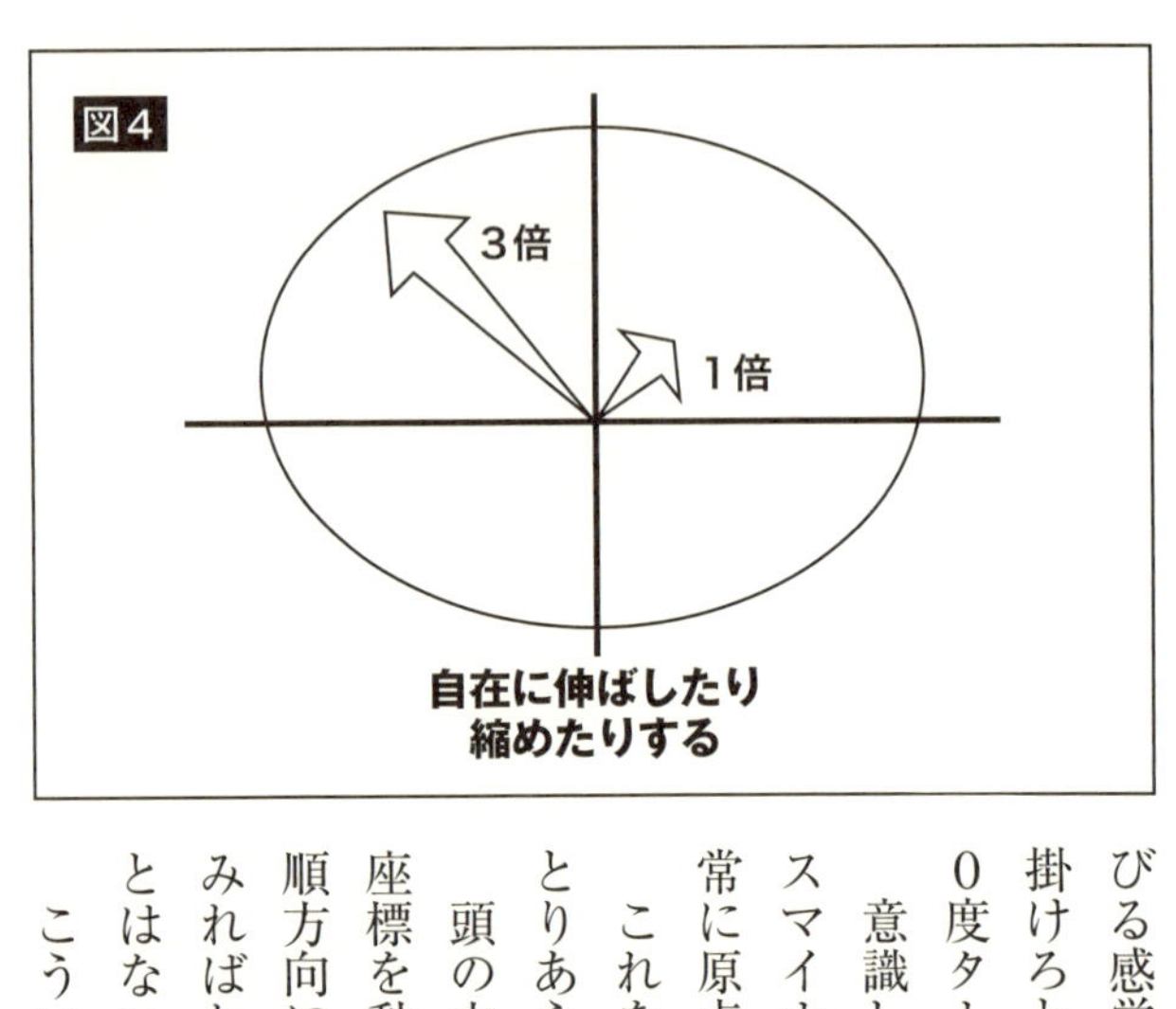

びる感覚とでもいうものか。そこでマイナス4を掛けろといわれたら、始点を中心にして車を180度ターンさせればいい。

意識しなければいけないポイントは2つ。プラスマイナスは順向き、逆向きということ。移動は常に原点を始点とするということだ。

これを理解しておけば、ベクトル空間の1つはとりあえず、イメージすることができるだろう。

頭の中でベクトル空間を作って、数式に従って座標を動かしてほしい。逆方向に3つ伸ばしたり、順方向に1つ引っ張ったりできるはずだ。やってみればわかるが、慣れてしまえば、どうということはない（**図4**）。

こういった操作が自在にできることが数学の宇

宙を理解するということである。

数学思考とは数学空間に臨場感を持つことなのだ。

決して方程式の暗記ではない。

ましてや、計算ではない、ということをよく理解してほしい。

現実と非現実をひっくり返す数学

数学空間の面白いところは、物理空間を超えているところにある。

例えば、ユークリッド空間とはユークリッド幾何学の法則で動く空間であるが、20世紀初頭までは、現実空間を表すものだと思われてきた。カントなどは、「アプリオリ」（永久不変の概念）の代表としてユークリッド幾何学の公理を例に挙げていたほどだ。この世界の理を表現する普遍的なものがユークリッド幾何学と思われてきたのである。

その一方、非ユークリッド幾何学というものもある。これはユークリッド幾何学の公理の1つ平行線公準（2本の平行線は永遠に交わらない公理）が成り立たないことで成立する世界で、数学上にしか存在しないものだと、これまでいわれてきた。

ところが、20世紀初頭になり、アインシュタインが相対性理論を発表し、空間は歪(ゆが)んでいることがわかってしまったことで事態は大きく変わってしまう。

これまでの物理世界はユークリッド幾何学をもとに説明されてきた。ニュートンの万有引力はその最たるもので、万有引力は空間が歪んでいないことを前提としている。

ところが、現実の空間は歪んでいたのだ。

それまで現実の空間はユークリッド空間だと思われてきたが、本当は非ユークリッド空間こそが現実世界を表現していたことがわかったのだ。

20世紀初頭、私たちが生きていた空間は、現実と非現実が入れ替わってしまったのである。

といっても、実際になにかが変わったわけではない。ニュートン力学が適用できない場合があるとわかったところで、自動車はこれまでどおりに道路を走るし、飛行機は空を飛んでいる。

相対論がいかに正しかろうが、私たちの現実はこれまでどおりで、なんの不都合もないのである。

なぜなら、鈍感なので重力場のゆがみなど気にならないだけだ。

だから、普通に生活していれば、たとえ、非ユークリッド空間が現実だったとしてもユークリッド空間で日常生活は十分に説明できてしまうのである。

では、非ユークリッド空間が現実だとわかってなにも変わらないのかといえば、そんなことはない。

非ユークリッド空間がなければ機能しないモノが現実には数多くある。

２０１６年2月に重力波が観測されたというニュースが世界を駆け巡った。以前から相対論により、時空は重力により引き伸ばされ、直角方向の時空は圧縮されると予想されていた。これが実際に観測されたということは私たちの日常感覚そのものを変える、つまり私たちが見る世界が数学的センスのある人には一変したという大きな出来事なのだ。

数学上にしか存在しない空間

通常幾何学では、ユークリッド幾何学は日常的な感覚の物理空間で利用される。非ユークリッド幾何学は重力場など空間が曲がっているような物理で利用される。非ユークリッド空間は日常感覚の物理空間ではないが、確かに物理空間に存在する。

ただし、数学上だけにしか存在しない空間ももちろん存在する。

その例が複素空間(ふくそくうかん)だ。

複素空間とは「二乗したらマイナス1になる」虚数（imaginary number）が入る空間であり、「図にしてみろ」といわれても不可能だ。

「だったら、そんなものはイメージできないだろう。頭の中でイメージを自在に動かすなんてできないはずだ」と思われる人も多いだろうが、数学空間を理解しているとイメージすることができるのである。

虚数・iを数式にすると、

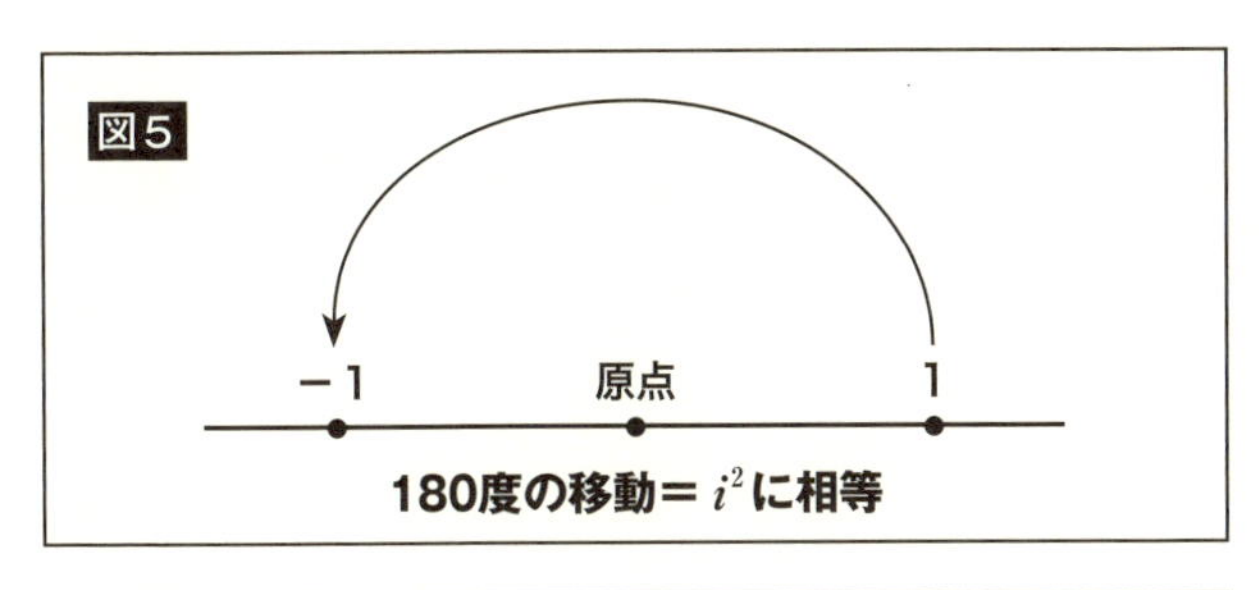

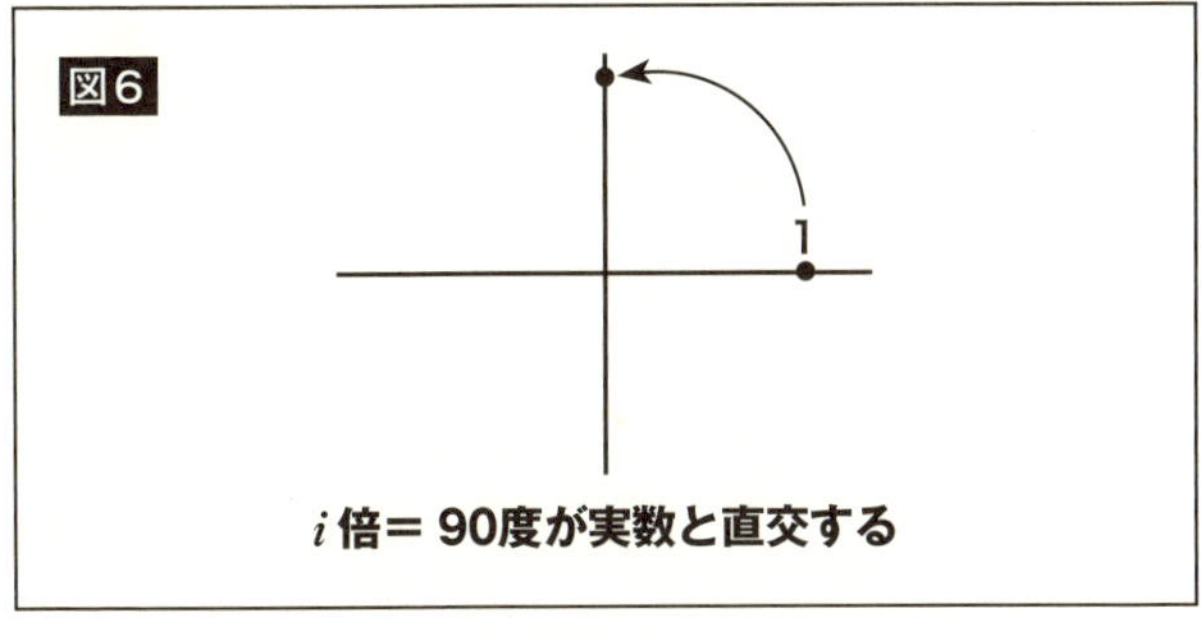

$$i^2=-1$$

となる。このままではなかなかイメージできないので、まずはマイナス１について数直線上で考えてほしい。１にマイナス１を掛ければ、マイナス１になる。原点を支点に１８０度動いたことになるわけだ（図5）。この１８０度をi^2とすればi倍はiを1回で90度動いた地点に相当することがイメージできるだろう（図6）。つまり、虚数とは実数と直交する方向を表していることになるのだ。このような平面をガウス平面という。

なんとなくわかってもらえただろうか？

感覚的な説明を付け加えると、音楽空間と似ている。

よくミュージシャンはベースの音を聴いて楽曲のキーを取るのだが、状況によってはベースの音が聴こえないこともある。そんな時は、メロディを聴いてキーを取ればいいのだが、この作業が若いミュージシャンではできないことがある。

それは経験の差で、慣れてくれば、メロディを15秒ほど聴いているだけで、なんとなく頭の中に〝絵〟が浮かんできて、その〝絵〟にハマるキーがGならG、CならCと見えてくる。ただし、分析的に判断するのではなく、あくまで感覚的に見えてくるといったほうがしっくりくる。

もう少し詳しくいうと、ミクソリディアンという長調の5度上から始まり、シの音だけ半音下がっている音階があるが、メロディを聴いていると、ミクソリディアンの絵がハマるという感覚だ。決して「あ、これはミクソリディアンで、この音はソだから、Cのミクソリディアンだ」というふうに分析的に判断しているわけではない。聴いた時に頭に浮かぶイメージなのである。

これは方程式でも同じでパッと見た時に、「どこかおかしい。その方程式、空間からズレてない？」と感じた時はだいたい、その数式は間違っている。別に計算したわけではなく、あくまで見た感覚でわかるのだ。パッと見て違和感を感じるということだ。

わかってもらえただろうか？

念のためにもうひとつ喩え話をしておくと、石の職人さんが自然石を砕く時、石の目を叩けというのに似ている、といったところか。自然石は硬くて、ほかの部分を叩いてもそう簡単には割れないのだが、石の目をハンマーで正確に叩くと一発で割れる。ただし、素人にはどこに石の目があるのかがなかなかわからない。これが見えるようになるには年季が必要になるのだ。

数学空間を理解するにも年季がいる。

といっても、10年、20年といった話ではなく、慣れればいいということだ。数学者になるわけではなく、数学的な感覚を身に付けるだけでいいのだから、それほど難しいことではない。

数学に親しんでしまえば文系を自任する人であっても必ず理解できるものなのである。

たぶん、一番近い感覚でいえば趣味のようなものだ。

ゴヤが好きな人は絵を見なくてもゴヤの絵を細部にわたってイメージすることができるだろう。

日頃から慣れ親しんでいる好きなモノであれば、もっとイメージするのは簡単だ。

私でいえば、クロムハーツはいまかなりの数が手元にあり、見ただけで本物か、偽物かがわかる。クロムハーツは90年代の頃のものが最高で、いま作られているものとは質がだいぶ違う。違うのは当然で、いまの〝本物〟のクロムハーツはメイド・イン・ハリウッドと刻印されてはいるが、アジアのどこかで作られているものだ。これはメーカーが公表していることなので、間違いないが、アジア製の〝本物〟と比べると90年代に創始者たちによって西海岸で作られた本物とはやはり違う。また、西海岸製の本物そっくりの偽物もあり、クロムハーツはなかなか玉石混交となっているのだが、日頃から本物に親しんでいれば、見ただけでわかってしまう。

こういう感覚は文系、理系関係なく、理解できるだろう。

よく「文系だから数学はわからない」という人がいるが、数学空間に慣れてしまえばいいのだ。そうすれば、間違いなく誰にでもわかるようになる感覚なのである。

この世には存在しないものを存在させる数学

数学空間に慣れ親しんでくると肌感覚として〝複素空間はある〟ことぐらいはわかるようになってくる。

これは理屈抜きの感覚で、「二乗してプラスの存在があるなら、二乗してマイナスの存在は〝ある〟に決まっている」と納得できるのだ。

実空間があれば虚空間だってある。ないほうがおかしい。こんな感覚だ。

確かに図にしてみろといわれると、それはできないが、感覚的に確信できることが大切なのである。

アナモルフォーシス

面白いのは、現実性に関係なく数式を使って、計算を展開していくと現実世界を表現することができてしまうのである。それが上のアナモルフォーシスとなる。表面に鏡面加工を施した円柱を図の中心に置くことによって完成する絵や模様は、複素数を使った射影変換（しゃえいへんかん）を使って作成している。

現実には存在しない複素数の宇宙だが、数式を作って展開することによって現実化することができてしまうのだ。さきほど虚数は物理空間にないといったが、これだって厳密にいえば違う。例えば、量子力学の基本的な方程式であるシュレディンガー方程式の片側には虚数 i が入っている。これは、物理空間のふるまいを説明するには、虚数が必要であるということで、虚数は単なる数学者の想像上の存在ではなく、物理宇宙の基本的原理が虚数なしには成り立たないということであるからだ。

そして、こういったことを突き詰めていくと、数学空間は現実のモノとして我々の身近な存在となって表れる。それが前章で紹介した、ＩＣチップに代表されるものなのである。

数学に数は不要

ここまで数学は言語であり、数式ではないとずっといってきた。しかし、もっと根本的なことをそろそろいわせてもらおう。

実は数学は、数学といっていながら数を扱うものでもないのである。

数学に数は不要なのだ。

これは比喩（ひゆ）でもなんでもない。まぎれもない事実だ。

ウソだと思うのであれば、もう一度、これまで紹介した数式を思い出してもらいたい。数字を使っていたものがどれだけあっただろうか？　自然数はたいてい n であり、数字などが出てきても1か2や3ぐらいだったはずだ。

それ以上の数になると k などに置き換えられる。つまり、「たくさん」とか、「いっぱい」という概念だ。

これが数学者にとっての数の概念で、こういってはなんだが、原始人が「1、2、3、たくさん」と数えていただろうというのと大差ない。

数学とは数を扱うものではないということだ。

では実際に日本の高校の数学で習う数学的帰納法（きのうほう）を例にとって見てみよう。これは帰納法という名前がついているものの、いわゆる演繹法（えんえきほう）と対比される帰納法とは違う。数学の中の非常に限定された分野でしか通用しないものだ。

左が数学的帰納法の例題としてよく使われる数式だ。

$$1+2+\cdots+n=\frac{n(n+1)}{2}$$

ご覧のように1と2とnしか使っていない。

第1章でも紹介した不確定性原理「$\Delta l\times\Delta v>h$」にしても、フェルマーの最終定理「$n\geqq 3$の時$X^n+Y^n=Z^n$を満たす自然数X、Y、Zは存在しない」にしても数字なんか使っていない。

このように数学は数を扱うものと限定されたわけではないのだ。

数学の答え方にしても別に論文形式でもいいし、図形にしても、グラフにしてもいい。表記の仕方は無数にあるのだ。しかし、日本の数学教育は脳トレ式なところがあるから、どうしても明確な答えにこだわる。すると当然、数式にこだわることになってしまう。

それが、数学嫌いを生み出し、数学を誤解し、数学のコンテンツに辿りつけない要因のひとつになってしまうのだ。

$$1+2+\cdots+n=\frac{n(n+1)}{2}$$

この式にしたって、大した話をしているわけではない。任意のnを1個取り出して、$n+1$で等式が成り立つなら全体も成り立つというだけの話だ。実際、nに任意の数字を代入してみればすぐにわかる。

$$1+2+3=\frac{3(3+1)}{2}$$

両辺は6になる。まったく難しくないだろう。当たり前の話だ。

ところが、

$$1+2+\cdots+n=\frac{n(n+1)}{2}$$

を見ただけで拒否反応を起こしてしまうのがいわゆる文系の人ではないだろうか。

数を代入すれば簡単にわかるのに、それすらしないほど苦手意識があるのだ。するとどうなるか？

ともかく暗記して乗り切ろうとするのが人間のサガというものだ。

公式を覚えて、答えを出していくマシンとなろうとする。

だから、多くの人たちが数学は公式を覚えることであり、解法だと誤った理解をしてしまうのだ。

そうではなく、数学は数学的空間を構築するものであり、そこで自由に動き回ることだ。公式を覚えることが数学などでは決してない。

公式を覚えるのが数学ではない

もうひとつ、数学的思考で問題を解く古典であるG・ポリアの『いかにして問題をとくか』（『いか問』）も参考にしてみよう。

『いか問』ではこんな数式を紹介している。

$$1^3+2^3=3^2$$

$$1^3+2^3+3^3=6^2$$

$$1^3+2^3+3^3+4^3=10^2$$

連続する自然数の三乗を足していくと、答えはある自然数の二乗となる。こういった不思議な法則性が数にはある。

『いか問』では、これを数学的帰納法を使って証明しているわけだが、ポリアも指摘しているとおり、これらを覚えてなんの意味があるのかということだ。

いわゆる公式を覚えたところで、あとは違った数字を代入していくだけで、それは公式の使い手として熟達していくことには有効だろうが、数学のコンテンツに触れることとはあまり関係ないのだ。

エンジニアがツールとして使うというのであれば文句をいう筋合いではない。しかし、それならば、〝数学的な〟ではなく、本格的な工学の勉強をしたほうがいいだろう。

このように公式を覚えることと数学を理解することとはそれほど関係がないのである。一般の人々にとって数式を〝覚える〟ことにはそれほど大きな意味はないのだ。数式とは、方法論の中のステップバイステップを表記しているだけであって、これがわからないことと数学がわからないことは別モノだ。

これがさきほどからいっている、「多くの人が数学をわからないのではなく、数学という言語がわからないだけ」という意味なのである。

規則を見つける

では、さきほどの数学的帰納法の例題 $1+2+\cdots+n=\frac{n(n+1)}{2}$ にはどんな数学のコンテンツがあったのか？

それは、多くのサンプルの中に必ず規則があるということだ。さきほどの連続する自然数の三乗の数式をもう一度よく見てほしい。

$$1^3+2^3=3^2$$
$$1^3+2^3+3^3=6^2$$
$$1^3+2^3+3^3+4^3=10^2$$

これを見ていくと、等式は自然数でも成り立つことがわかる。

$$1+2=3$$
$$1+2+3=6$$
$$1+2+3+4=10$$

1と2を足せば3であり、1と2と3を足せば6、1と2と3と4を足せば10だ。
これをさきほどの数式に戻すと、左の式が導き出せることがわかるだろう。

$$1^3+2^3+3^3+\cdots+n^3=(1+2+3+\cdots+n)^2$$

これを数学的帰納法の例題の先の数式に入れれば、以下となる。

$$1^3+2^3+3^3+\cdots+n^3=\left(\frac{n(n+1)}{2}\right)^2$$

つまり、規則性の中からさらに規則性を見つけろということだ。ある規則があったら、入れ子のように、その中にも必ず規則がある。それがコンテンツなのである。これは自然数というサンプルの中から規則性を見つけたもので、これが帰納法ということだ。

帰納法とは、多くのサンプルの中から、なんらかのルールを抽出しましょう、というものであることは皆さんもよくご存知だろう。インターネットで調べれば、いくらでもそんな解説を見つけることができる。

数学的帰納法とはそういった解説を数式化したものであることが、これでよくわかったはずだ。

ただし、数学的帰納法の場合は、純粋数学であるから例外は1つも認められない。「任意のnを1個取り出してそれに何回でも1を足していっても等式は成り立つ」といった場合の「任意の」とは、「無限の」という意味で、すべての無限のセットに対して必ず成り立たないといけないのである。そういう意味で、数学的帰納法とはとても限定的なものなのである。

しかし、一般的帰納法はもっとゆるく運用していい。サンプルに対して、ある規則がある程度成り立てばそれで良しとしていいのだ。各分野の中で、それぞれ許容される範囲内で帰納的な推論ができればそれで十分だということである。

この世にはない演繹法

では、帰納法と対比される演繹法（えんえきほう）はどうだろうか？

まず演繹法には帰納法と違って、数学的演繹法と呼ばれるものはない。

なぜないのかといえば、数学は、数学宇宙に限定される話だからだ。数学では最初に必ずセオリー（theory）がある。例えば１＋１は２としようというものだ。このセオリーがあるから数学は成り立つのである。

演繹法も同じで、最初に前提があって、その前提を真として論理を積み重ねていくものだ。

つまり、数学はそれ自体が演繹法でできているので、数学的演繹法というのは意味のない言葉なのだ。

そしてここからわかることは、純粋な演繹法は数学の世界だけに限定されたもので、この世にはない、ということだ。

なぜ、演繹法がこの世にないのかといえば、最初に前提があって、その前提を絶対的な真としなければならないからだ。しかし、この世に絶対的なものはない。

有名なソクラテスの三段論法を例にとって考えてみよう。

前提「すべての人間は死ぬ」

観察「ソクラテスは人間だ」

結論「よってソクラテスは死ぬ」

となるが、現代では最初の前提の「すべての人間は死ぬ」がもう怪しくなっている。人工知能が、人間の記憶を正確にコピーすることができるようになれば、人間の肉体は滅んでも脳は死なないことになる。脳だけの人間、あるいは、ある人物の脳の記憶を持つコンピュータとはなんといえばいいのだろうか？

物理的にいえば、クローン人間の可能性が現実味を帯びている。技術的な問題はそれほど残っておらず、残された問題は倫理的なものしかない状況の中で、人間とはなにか、死ぬとはなにかから問い直さなければならないのが現代なのだ。

数学における前提とは、未来も含めたものであるから、「すべての人間は死ぬ」は不完全性定理を持ち出すまでもなく否定されているのである。

その次の「ソクラテスは人間だ」にしても現代では判断が難しくなっている。アラン・チューリングは、人工知能の研究の中で、イミテーションゲームという実験を行っている。質問者Aは離れた部屋にいるBとCという人間たちと、コンピュータなど声が伝わらない手段によってつながっており、AはBとCにいくつか質問しどちらが女かを当てる、というゲームだ。

Ａは必死になってどちらが女なのかを推論するのだが、チューリングはＢとＣの一方をコンピュータにしていた。もしも、これでＡがコンピュータのほうを女だと判断すれば人工知能として機能していることがわかる。

これは人工知能のテストであるが、別の見方をすれば、人間は人間とコンピュータの区別がつけられるか？　のテストでもある。

イミテーションゲームは現代ではチューリングテストと呼ばれて、人工知能の能力テストとして行われているが、これまで合格した人工知能は現れなかった。

ところが、２０１４年６月７日、イギリス・ロンドンで行われたチューリングテストで「13歳の少年」の設定で参加したロシアのスーパーコンピュータがついに人間をあざむいた。30％以上の確率で審査員らはロシアのコンピュータを「13歳の少年」と判定したのだ。こうして、「ソクラテスは人間か、どうか」まであやふやになってしまった。その前にソクラテスは宇宙人かもしれない。

そんな状況の中で、最初に真実があって、その真実と照らしあわせて、この例は成り立つと判断する演繹法にどんな意味があるだろうか?

不完全性定理によって数学の公理系は矛盾の内包が前提となり、哲学でいえば、完全な知識はないと証明済みであるのが現代なのだ。その中で、演繹法はその前提の絶対性が担保できなくなってしまっているのである。

演繹法と帰納法で問題は解決しない

それでも、商品を売るため、あるいは議論のための説得力を増すために、演繹法は使えるのではないか? と淡い期待を抱く人もいるようだ。

たぶん、それがまさに論理思考に対する誤解の最たるもので、ビジネス書などで見られる論理的に問題を解決する方法の疑わしさだ。

帰納法や演繹法は数学の中のごく限られた分野でしか、使えないことはすでに話した。

帰納法はサンプルから抽出した共通項であり、推論の域を決して出ない。演繹法はさっきいったように、前提からしてこの世にはないものだ。

そういったものを、モノを売る時や会議、プレゼンテーションなどで援用して説得力を持たせようとするのは大きな無理があるだろう。

例えば、「これはヒット間違いなしの商品です」といった時に、どんな演繹法としての前提があるのか？

統計法を使ってデータを出せばいい。そう思った人もいるだろうが、そのデータとはなにか？　それは帰納法を使って見つけた共通項だろう。

しかし、帰納法はどこまでいっても推論にしかならず、本質的には前提とはなり得ないのだ。それでもサンプルサイズが大きくなれば、帰納法は説得力を持ち得る可能性はまだある。

ところが、演繹法では人を説得できないのだ。

なぜなら絶対性に依拠してしまっているからだ。これは私の実体験としていうことができる。三菱地所時代に、私はロックフェラーセンタービルの買収に携わった。その時、なぜ、ロックフェラーセンターを買うのか、どう説明すればいいのか？　と誰かに聞かれたらどう説明すればいいのか?

どう考えても絶対的理由などない。いまロックフェラーセンターを買えば絶対に儲かりますと誰がいえるのか? 答えは「買いたいから」あるいは「常務がそういっていますから」以外にはない。

「利回りは?」と聞かれたら、それなりの数字を答えていたが、本当かどうかなど誰がわかるというのか。20年間ぐらいの資金調達計画の中では、為替ひとつ取っても不確定要素ばかりだ。

結局、やりたいからやるのだ。強いていえば、「やりたいからやる」が大前提となるが、それが前提となるならば演繹法に意味などないのだ。なにしろ、やりたいからやるでは、説得力もなにもあったものではない。

まったく使えないとはいわないが、演繹法をビジネスで使おうとしても無意味なのだ。

では、演繹法と帰納法は使えないのか、というとそんなことはない。

人間社会を生きる中では十分に使える。

つまり、使う場所と使い方次第なのだ。

社会は演繹法で動いている

さて、私たちがいま住む世界はどんな世界だろうか？

民主主義社会、資本主義社会、人によっては奴隷社会というかもしれないが、実はこんなふうにいうこともできるのだ。

人間社会は演繹法で動いている、と。

さきほど演繹法はこの世にはない、といったことを覚えているだろうか？

それと真っ向から矛盾することをいっているわけだが、演繹法は前提つまり公理があれば活用できるのである。

そして人間社会には公理系がある。それが法律だ。

法律という公理があって、私たちは皆、これを真だと認めている。

だから、間違いなく人間社会は演繹法を使えば動く。

一人ひとりの欲望に対しては公理は働かないが、人間社会には公理系がある。よって、演繹法は使えるというわけだ。

政府を含む日本という国であれば、日本国憲法という公理がある。

国民生活であれば刑法があり、民法がある。

経済であれば、商法や税法、会社法、企業会計原則などがある。

これらは憲法という公理から導き出された定理だ。

こういったものを前提に動いているのだから社会は演繹法で動いているといって間違いないだろう。

郷に入ったら郷に従えも演繹法であり、「空気を読め」も実は演繹法だ。一瞬、帰納法のようにも感じるのは周囲の人間の動きを見て、自分の動きを決めなさいといっているように感じるためだ。

しかし、本当はそうではない。

すでに読むべき空気は決まっている。上司や先輩などの発言であり、いわゆる常識であり、かねてからの力関係などだ。

これを読んで従えというのだから完全に演繹法だ。

つまり、我々は演繹で生き、演繹で悩んでいるということなのだ。

我々は演繹で生き、演繹で悩む

では、演繹が原因による悩みを解決するにはどうすればいいのか？

それはやはり演繹法に従って、さらに上の公理を使えばいい。

例えば、国会で安保法制改正の時に、反対派は「憲法違反だ」といい、賛成派は「いや、憲法違反ではない」云々かんぬんやっていたが、同じ公理を使っているから紛糾するのである。

ああいう場合は憲法より上の公理に従うべきであり、憲法よりも法的に上のものといえば、国際条約ということになる。要は、日米安保や国連憲章によって、安保法制は正しいといえば、反対する側は演繹的な展開はできなくなったはずなのだ。もっとも、そうなれば感情的な話になるだろうが、そうなれば尚更のこと、演繹法を使っている人間の勝ちだ。

しかし、演繹法の危ういところは先に公理があるところだ。何度もいうが絶対的に正しいものなどこの世にはない。それを絶対的に正しいとしているところに、演繹法の本質的な危うさがある。ある意味、最も危険な論理が演繹法でもあるのだ。

実際、上位の公理である国際条約であるTPPが日本に入ってきたら、否応なく国内法は改正させられてしまうだろう。我々、日本人にとっては理不尽にしか感じられないが、それが絶対的前提というものなのだ。

では、演繹法に対抗するにはどうすればいいのか?

TPPが入ってきた時、国内法より上の公理に対抗するにはどうすればいいのか?

それには我々一人ひとりが抽象度という〝公理〟を上げるしかない。

我々一人ひとりのIQを上げる以外に対抗手段はないだろう。

まさにここで数学的思考の真髄が必要とされるのだ。

日本人はこれまであまりにも演繹法でやられてきた。

国際社会のルールに唯々諾々と従い過ぎてきた。

オリンピックがいい例だ。

日本人が得意とした種目、スキージャンプ競技や柔道、女子レスリングなどがすぐに勝てなくなってしまうのはなぜか？　あるいは日本人が得意としていた種目そのものがオリンピックから外されてしまうのはなぜか？

それは欧米人たちがルールを変えてしまったり、種目の選択権を持っているからだ。彼らが公理だからなのだ。

演繹法を使って彼らは勝ってきたのだ。

オリンピックだけではない。基軸通貨にしても戦争にしても、日本人以外の人々が勝手にルールを作って操作しているのが現在の世界なのだ。

そろそろ、そんな世界に勝つ方法を日本人は考えなければいけないだろう。

その時こそ、数学的思考は役に立つのである。

第3章

幸福を数量化する経済学と数学

幸せの基準とはなにか？

前章までは数学の側から数学的思考を考えてきたが、この章では、現実社会の中から数学的思考を抽出していこうと思う。

その手始めとして、幸せについて数学的に考察してみよう。

次の事例を考えてほしい。

Ａさんの場合：Ａさんは金融資産を４００万円持っている。ある日、投資に失敗し、金融資産を３００万円に減らしてしまった。

Ｂさんの場合：Ｂさんは金融資産を１００万円持っている。ある日、投資が成功し、金融資産を１１０万円に増やすことができた。

さて、ＡさんとＢさん、どちらが幸せだと思うか？

こういった場合、ほとんどの人が、Ｂさんが幸せだと答える。Ａさんは資産を減らし、Ｂさんは資産を増やしているのだから、幸福なのはＢさんに決まっているだろう、と考えるからだ。

たぶん、読者の多くもＢさんが幸せだと思ったはずだ。

しかし、それは本当だろうか？

Ａさんの資産とＢさんの手持ちの資産をもう一度考えてほしい。

Ａさんは資産を減らしたとはいえ、現状３００万円を持っている。それにひきかえ、Ｂさんは増やしたといっても１１０万円。Ａさんのほうが約３倍も資産がある。であるのに、なぜ、Ｂさんのほうが幸せだといえるのか？

幸福感は量ではなく変化

「Ａさんのほうが資産の絶対量は３倍も上だよ。だから、Ａさんのほうが幸せに決まってるでしょ」

こういわれると、多くの人が「あ、そうだな。確かにそうだ」と思ってしまう。

ということは、本当はＡさんのほうが幸せなのか？

しかし、それではどうも釈然としない。100万円も損しているAさんが幸せであるはずがない。そもそもAさん自身が幸せだなどとは決して感じていないだろう。

Aさんと Bさん、本当に幸せなのは一体どちらなのか?

実は、現状300万円持っているAさんのほうが幸せだとするのは、従来の経済学から見た基準だ。資産の絶対量が満足感を決める、とする考え方で期待効用という。

経済学の大前提は、商品と価格に対する完全情報(どの商品はどこで、いくらで売られているかを誰もが完全に把握している)を持ち、経済合理性のみで行動する合理的経済人(homo economicus)をモデルとしている。合理的経済人であれば300万円持っているほうが幸せに決まっていると即座に判断するだろう、ということだ。

しかし、その考え方は、現実的ではない。

多くの人は最初にBさんが幸せだと感じたのだ。ということは、その感覚こそが正しい。

ところが「その考え方は間違っている。現在持っている資産を見ろよ、Aさんは100万円損をしたって300万円だよ。だけど、Bさんなんかたった110万円だよ」といっていたのがこれまでの経済学だった。

経済学者たちは論理的に判断しろ、といっていたのだ。人間の幸福感は現状いくら持っているかであり、資産の額を見ていればいいんだ、と。

ところが、何度もいうが、人の感じ方は経済学者たちのいう論理的な判断とは違う。人間は、いまいくら持っているかではなく、いくら減ったか、いくら増えたかで幸福感が決まるのである。

人間は利益よりも損失を恐れる

「我々の満足感、幸福感は資産の量ではなく、資産の変化である」

こういったのはノーベル経済学賞をとったハリー・マーコウィッツだ。

さきほどの釈然としない感覚はこの言葉を聞けば氷解するだろう。

人間の幸福感は資産の絶対量ではなく、得失にこそ、反応するのだ。どれだけ大金持ちになってもお金がほしいと思うのは量が足りないのではなく、お金の変化に興味があるということだ。

大切なのは「変化」なのだ。

実際、今日と同じ日が明日も来ることを、ほとんどの人が安定とも幸せとも思わない。少しでもいいから上向き傾向がなければ人は満足できず、現状維持を心の平安だといえる人間は極めて少ないのだ。

このマーコウィッツの考えを発展させたのが2002年にノーベル経済学賞を受賞した心理学者のダニエル・カーネマンだ。カーネマンは興味深い試行によって、従来の経済学の誤りを次々に正していき、行動経済学をおこした。経済学者たちがいう、合理性、論理性がいかにその場しのぎの論理であったのかを白日のもとに暴いていったのだ。

例えば、コインを投げて表が出たら150万円貰え、裏が出た場合は100万円を失うギャンブルがあった、とする。

果たしてあなたはコインを投げるだろうか？

これを本書の編集者に尋ねたら「手元に資金の余裕があれば」と答えた。

要は、彼には魅力的には思えなかったのだ。

確率で考えれば、裏が出るか、表が出るかは2分の1。貰える金額は150万円で、失う金額は100万円。言い換えれば、100万円払って勝てば250万円戻ってくるギャンブルと同じで、期待値を計算すると250万円を確率2分の1で割って125万円となる。

つまり、100万円払って125万円リターンという賭けなのだから、これは絶対にお得な勝負だ。10回もやれば、かなり儲かるはずで、もはやギャンブルではなく、確実な投資といっていいだろう。

こう説明すれば、誰もが「やります」というのであるが、「ただし1回だけ」というと、やはり考えてしまって結局「やらない」を選ぶ。

なぜだろうか？

計算上は得なのに、なぜかみんなやろうとはしない。

この理由も、「我々の満足感、幸福感は資産の量ではなく、資産の変化である」で考えればわかる。負けたら100万円を失うのだ。そんなリスクを取る必要はどこにもない。うまくいけば150万円増えるなどの皮算用などしないし、ましてや期待値など考えもしない。

ほとんどの人間は利益よりも損失を恐れるのだ。これを損失回避性と呼ぶ。

これでわかるように人は論理的思考などしない。計算上、得だとわかったとしても、リスクを冒さないほうを本能的に選ぶのだ。

価値関数

カーネマンはいう。

「例えば、我々（カーネマンと共同研究者のエイモス・トヴェルスキー）はどちらも1000ドル貰える確率が90％であるか、もしくはなにも貰えない、よりも確実に900ドル貰えるほうを選ぶ一方、確実に900ドルを失うよりも1000ドル失う確率が90％であるほうを選んだのです」（『ダニエル・カーネマン心理と経済を語る』ダニエル・カーネマン著より）

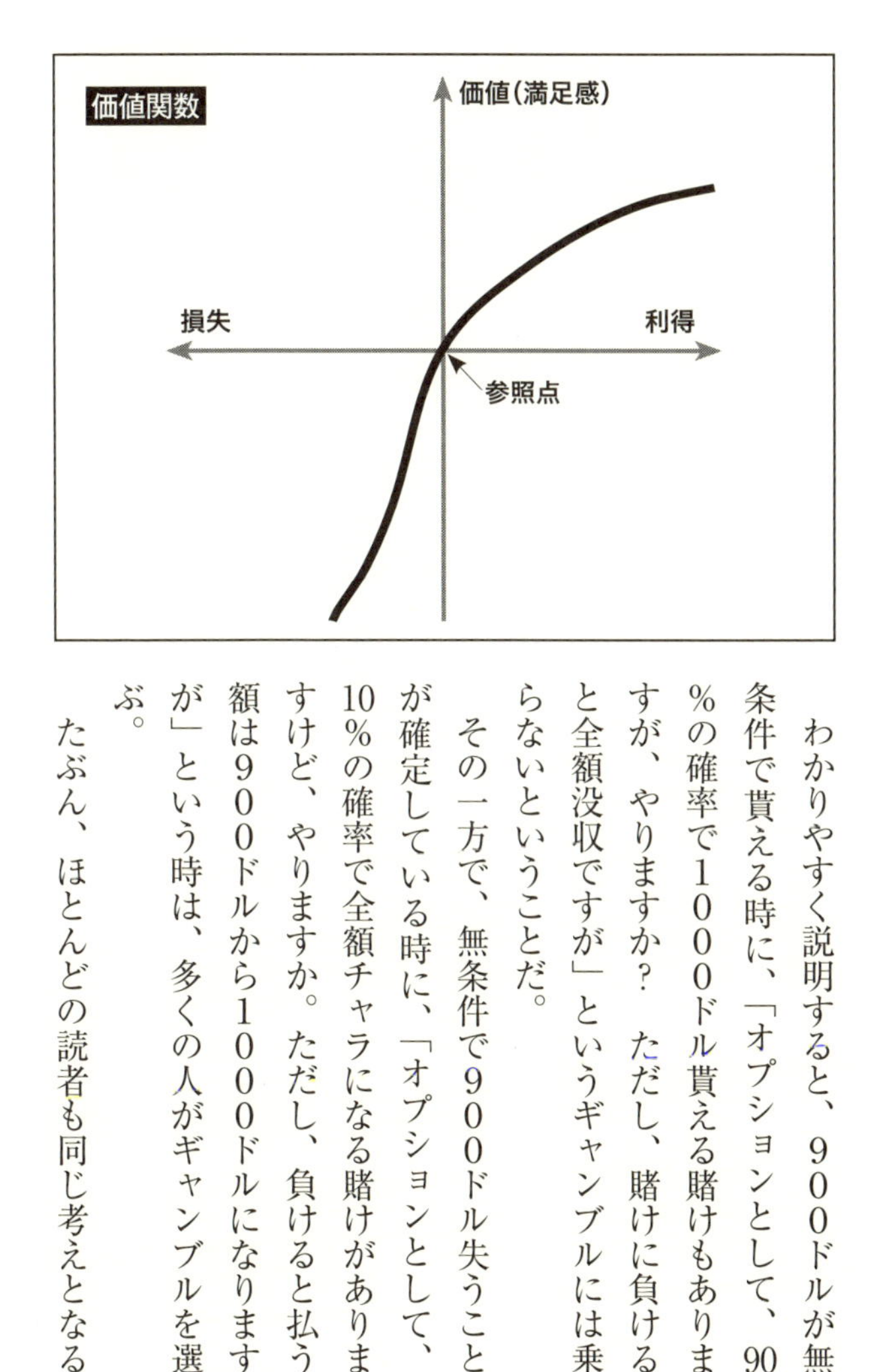

わかりやすく説明すると、９００ドルが無条件で貰える時に、「オプションとして、90％の確率で１０００ドル貰える賭けもありますが、やりますか？　ただし、賭けに負けると全額没収ですが」というギャンブルには乗らないということだ。

その一方で、無条件で９００ドル失うことが確定している時に、「オプションとして、10％の確率で全額チャラになる賭けがありますけど、やりますか。ただし、負けると払う額は９００ドルから１０００ドルになりますが」という時は、多くの人がギャンブルを選ぶ。

たぶん、ほとんどの読者も同じ考えとなる

だろう。

人は利益を目の前にするとリスクを回避し、損失を目の前にするとリスク追求を選考しはじめるのだ。

リスク追求とは、「どうせ負けているんだから、ここは一発大勝負で大逆転だ」と考えるということだ。

よく昔の映画なんかで「1人殺すも2人殺すも同じ」といったセリフがあったが、そんな感覚で危険なほうに足を踏み入れてしまうのである。

カーネマンはこれを価値関数と名づけて図表にしている。

価値関数のグラフを解説すると、Y軸とX軸の交差点が参照点で、基準となるモノの価格が入る。X軸は金額で参照点から右にいけばプラス（利得）、左にいけばマイナス（損失）となる。

Y軸は上にいけば心理的な価値（満足感）が上がり、下にいけば下降する。グラフの傾きを見ればわかるとおり、利得側は、傾きは最初大きく上がっていき、後半になるとなだらかになる。

これはお金の貯まり始めの頃はワクワクするが、ある程度貯まってくると、ワクワク感が薄まってしまうということを意味している。10万円しか持っていない時に10万円稼ぐと嬉しいが、１０００万円貯まった時に10万円稼いでも嬉しさは前ほどではない、ということだ。

一方、損失側は参照点から一気にグラフの傾きが大きくなり、満足感は急落する。つまり、「どうせ負けているんだから、ここで引き返してもしょうがない。次の勝負で勝ちさえすれば一気に逆転なんだから、ここはギャンブルするべきだ」という危険なスイッチが入ってしまっているわけだ。

リスク追求を見事に表している。

人は本来事なかれ主義

余談だが、利益を目の前にしてもギャンブルをしない人がほとんどということは「人は本来事なかれ主義」なのだ。

アメリカ人でも日本人でもヨーロッパ人でも人はほぼ全員、リスクを怖がり、無謀なことをしたがらない。

リスクを冒す時は、損失が確定した時なのだが、その一方で、どれほどの利益が目の前にぶら下がると、人はチャレンジするのであろうか?

行動経済学はそれも調べており、だいたいリスクの2倍の利益があれば、ギャンブルに出るのである。

100万円賭けて150万円のリターンではチャレンジしないが、200万円だったら考えるのだ。

しかし、現実の世界を見渡してみれば、リスクの2倍の利益などあるわけがない。なにしろ、利回りでいえば、200%である。そんなおいしい話がどこにあるだろうか? 200%どころか、利回り5%あれば好条件の中で、いまはマイナス金利の世界で我々は生活しているのである。

本来200%でなければ、安全策をいきたいのが人間だ。ところが現実は5%でも飛びつけというのである。人の悩みが尽きないわけだろう。

人は論理的には生きていない

いま紹介したのが行動経済学の根幹をなすプロスペクト理論だ。

なぜ、これをわざわざ紹介したのかといえば、「人は論理的には生きていない」ことを実際の経済の中から抽出しているからである。

なにしろ、資産の量を見れば一目瞭然(いちもくりょうぜん)であっても、直近で損をしたほうを不幸だと思うのが人間であり、計算上絶対的に有利な賭けにも乗ったりはしないのが人間だ。

どう考えても人は論理的思考などしていない。

しかも、その判断が間違っているわけでもない。

資産をいくら持っていようと、ギャンブルで損をした人間はどう考えたって幸福ではない。それがまっとうな考えだ。

期待値がいくら高かろうが、コイントスで表が出る確率は2分の1。なにか特別な理由がない限り、100万円を失うリスクを背負う必要などない。

行動経済学は「人間は論理的に生きていない。しかし、それがあながち間違いでもない」といっているのだ。

であるのに、なにゆえ人は論理的思考を求めるのか？

たぶん、それは「矛盾を嫌う」からだ。

人間の性質は利益よりも損失に敏感であるのと同様に、人間は「合理的が好きなのではなく、矛盾していることが怖い」のだ。

皆さんも覚えがあるだろう。我々が生きていて、なにを怖がるのかといえば、「さっきいったことと、いまいったことが矛盾していること」だ。

「ギャンブルでは負けたが、資産では負けてはいない」あるいは「期待値を計算すれば、これはギャンブルではなく確実な投資だったから損しても仕方がない」などと、自分や他人を納得させるための理由付けのために論理が必要なのだ。

わかりやすい言葉でいえば、「言い訳」だ。

これは普段の生活であっても同様だ。

自分のこれまでの行動や言動に対して、誰からも後ろ指を差されないようにしたい。

人から揚げ足なんか取られず、弱みも見せずに生きていきたい。

会議では理路整然とした言葉で上司を説得し、プレゼンでは説得力のある言葉でクライアントから賞賛を浴び、仕事を受注したい。

人間関係でも相手を怒らせず、怒ったりもせず、スマートに生きていきたい。

こういったものを真だという前提にしているから、論理矛盾を起こすことを嫌うのである。

しかし、こういう人たちは論理の本質をわかっていない。

論理とは論理矛盾を起こしてもいっこうにかまわないのだ。

不合理な社会

なぜ、論理矛盾を起こしていっこうにかまわないのか、を説明しよう。

まず行動経済学は人間の実際の行動や思考を、経済行動を例に研究していった学問である。

それは必然的に、従来の経済学の誤りを指摘することになった。

従来の経済学とはつまり、合理的経済人による合理的判断こそが経済を動かすとするものだ。もしも、学説どおりに経済が動かないとしたら、それは「学説が間違っているのではなく、合理的に動かない人間が間違っている。人間は合理的に生きるべきだ」というのが旧来の経済学であった。

その一方、カーネマンら行動経済学者たちは、人間がすべてにおいて合理的な判断をくだすことはできないことを明らかにした。

考えてみれば、現実の社会が合理的なことなど滅多にない。

例えば、法廷などはその最たるものだろう。

被告と原告。一体どちらが正しくて、どちらが間違っているのかなど、実際にはなかなかわからない。しかし、法廷では被告に罪があるのか、ないのか、白黒つけなければいけないのだ。

また犯行時に心神喪失していたから無実というのも多くの人が納得できない無罪理由だろう。罪は罪であり、犯行時に犯人がどんな状況だったかなどなんの関係があるのか。

特に、人を殺した場合、殺されたほうは、心神喪失だなんだなど関係ない、と多くの人が思うだろう。

警察の証拠の集め方に違法性があるので無罪などということもあり、これは被害者は納得しないだろう。

そもそも有罪か、無罪の二者択一しかないことも腑に落ちない。どんな罪であっても加害者が１００悪くて被害者が完全無欠の無実なんてことはないからだ。

ごくまれに子どもを虐待して殺す親など、ゼロイチで加害者が悪い世界はあるだろうが、多くの場合は双方にそれなりの非があることがほとんど。

交通事故の損害賠償の場合では被害者30対加害者70なんていうのはざらにあるのに、なぜ裁判ではそれがないのか？

その理由は、30対70のようなことは保険会社の損害賠償の計算であって、法律の話ではないからだろうが、我々の感覚からすれば、保険ルールのほうがまだ妥当に感じてしまう。

さらに有罪となった場合こんどは量刑について判例と合致しているか、否かの二者択一で決められてしまうのも納得できないうえ、量刑が決まって無期懲役となっても、実際には15年ほどで刑務所から出てきてしまうのだ。

裁判制度には、ありとあらゆる矛盾と不合理と不条理が渦巻いているのである。裁判の判決が、一般の人々の感覚としばしば乖離（かいり）するのは、裁判は裁判の独自のルールで動いているからだ。

これのどこに論理性があるのか？

これが我々の現実なのだ。

とはいえ、ルールに則（のっと）って論理的に判断していることも間違いない。我々から見ればしばしば不可解であり、論理的に思えないが、裁判は裁判のルールの中で正しく機能している。いわば、裁判という限定された宇宙の中で合理的に動いているのである。

数学という学問世界にもある不合理さ

実は、この限定された合理性は数学を教える時にも当てはまる。

例えば、「確率」を学校などで教える場合はいまでもベイズ理論を使っている。ベイズ理論とはコインフリップで表が出る確率は常に２分の１。１００万回振っても次の１回はやっぱり２分の１の確率というものだ。

そんなことぐらい小学生だってわかっていると思うだろうが、実のところ現実の世界では少し違う。１０００万回も続けているとどちらか一方に収束していくのである。なぜなら１つ前の事象が次に影響を与えるからだ。これをデンプスター・シェーファー理論という。

もちろん、コインフリップといったシンプルな事象であればベイズ確率で十分だろう。さっき出た表が、次にコインを投げた時に影響するとはほとんど考えられないからだ。

しかし、現実の世界はコインフリップとは違う。すべての事象はつながっているのだ。

今日の天気は昨日の天気に影響されており、明日の天気は今日の天気に影響される。今日が激しい雨であれば、かなりの確率で明日だって雨だろう、ということだ。デンプスター・シェーファー理論は、すべての事象は独立事象ではあり得ないことを主張するもので、現実世界ではベイズ理論よりも正しいだろう。

ところが、確率論を教える時は、いまだにベイズ理論から教えるのである。統計学もそうで、p値（p-value）が出てくれば、ベイズ理論を使っているという意味だ。

現実の世界はデンプスター・シェーファー理論で動いているのに、学校では確率論でも統計学でもベイズ理論を学ばなければいけないのは、それが学ぶためのルールにほかならないからだ。

正しいとか、正しくないとかではなく、社会は、論理やルールをその時々に都合よく使い分けているのである。

世界は限定合理的に動いている

人間社会の不合理さ、論理矛盾をカーネギーメロン大学のコンピュータサイエンスの教授ハーバート・サイモン氏は「限定合理性」といった。サイモン教授は私の恩師であり、１９７８年にノーベル経済学賞を受賞している。

限定合理性とは人はもともと不合理で、意思の決定にはつじつまが合わないことをする、というものだ。

といっても人間は合理的に生きていないからダメだといいたいわけではない。その逆に人間には合理性なんか必要ないんだといいたいわけでもない。

ただただ、「人は合理性を限定的にしか使わない」という事実を認識してほしいということだ。

なぜ、私がここで限定合理性をわざわざ出してきたのかといえば、それが数学的思考と密接な関係にあるからだ。

いや、密接というのは少し語弊がある。本来は別に密接な関係などないのだが、多くの人々が数学的思考あるいは数学的なものを論理的、合理的と思っているから、密接な関係があるように錯覚してしまっているのだ。

たぶん、本書の読者の中にも数学的思考＝論理的思考と思っている人は少なくないだろう。

しかし、その考えは間違っていることをこの章で理解し、ここでその考えを改めてもらいたいのである。

人間は合理的でも論理的でもなく、限定合理的なのだ。

言葉を換えれば、その場その場で態度をコロコロ変えるし、気持ちも変わる。理不尽なこともするし、わけのわからないこともたくさんするが、突然正しいこともするのである。

人はそれでいいのだ、ということだ。

そして、それは数学の世界、数学宇宙も同様なのである。

数学の宇宙もつじつまが合わない、わけのわからないことがたくさんある。理不尽に思えることもあれば、すべてに納得のいく合理的なこともある。

数学的思考とはそういったものすべてを含めたものなのである。

論理的思考、合理的思考とは論理宇宙、合理宇宙の中での思考であって、数学的宇宙の中のあくまで一部といってもいいものなのだ。

つまり、論理的思考＝数学的思考と考えてしまうのは、数学的思考を矮小化（わいしょうか）してしまうことになってしまうのである。

さらにいえば、人間の思考も、論理的なるものに頼ろうとすればやはり矮小化してしまう。

人間的思考も数学的思考同様に、壮大な宇宙を持っているものなのである。

実際、私の研究分野であるコンピュータサイエンスはすでに50年以上も前から人間の通常の思考の凄さに着目し、研究を続けてきた分野だからだ。

次章で詳しく話すが、人間の推論は非単調論理となっているということを解き明かしたのがコンピュータサイエンスだ。非単調論理とは例えば、インダクション（帰納法）、ディダクション（演繹法）とはまた違うアブダクションという推論であり、人間の通常の思考もそうである。

このアブダクションが最新のコンピュータサイエンスの基本の推論だ。ということはこの本をいま読んでいる読者の皆さんの普段の思考。これこそが最新の数学の中では一番正しい論理的思考と考えられているのである。

アブダクション

では、アブダクションとはなにか？　というと、簡単にいえば近似解のことである。例えば、スーパーマーケットに行って、辛いスナック菓子を探す場合、あなたは赤い色のパッケージのものから見ていくだろう。なぜなら、赤はトウガラシの象徴であり、トウガラシが効いた辛いスナックはだいたい赤いパッケージに入っているからだ。あるいは、初めて動物園に行った子どもがライオンを見て「あっ、ライオンだ」と叫ぶのもアブダクションだ。

初めて見たのになぜライオンだとわかるのかといえば、ライオンの絵や写真、映像を見ているからだ。しかし、これはよく考えれば高度な情報処理を必要とする。コンピュータにライオンの絵を認識させて、動物園の映像の中からライオンを探すのはかなり難しい。４年前（２０１２年）、Googleがディープラーニング技術を使った画像認識ソフトでネコを認識して大きな話題となったが、これを人間は３歳ぐらいでできるのだ。

これが広義でいうアブダクションという推論なのだ。

アブダクションは別名ヒューリスティックとも呼ばれ、インダクションでもなければディダクションでもない人間的な推論なのである。

ただし、アブダクションはあくまで近似解であり、必ずしも正解を導き出すとは限らない。

要はしばしば人間は間違えるということだ。

間違えるとはつじつまが合わないことがあるということであり、限定合理性なのだ。

人は合理的ではなく、限定合理的でなんの問題もないのである。

そして、間違えることで、その宇宙は広がっていくのである。

第4章

数学的思考と人工知能

曖昧な判断が正しい

この章は人工知能について考察するものとなる。

人工知能を考えることで、数学的思考とはなにかが、より明確に見えてくるだろう。

人工知能の研究とは取りも直さず、人間の頭脳を研究するものだ。

人間は一体どのようにして思考するのか？

脳とはなにか、思考とはなにかを調べていくうちにわかってきたことは、情動に対する再認識であった。

ともすれば我々人間は、論理的に考えることを良しとする傾向にある。しかし、我々は思考について研究すればするほど「情動」の凄(すご)さに驚かされることになったのだ。

「情動」とは、言い換えれば感情であり、感情とはその場その場で変わってしまう曖昧(あいまい)で捉(とら)えどころのない刹那(せつな)的な感覚だ。人工知能は、こういったものを排除することで、正確さが確保できると、多くの人は思っているだろう。

ところが、実際はその逆なのだ。

曖昧さこそが重要だったのである。

例えば、道に迷った時、十字路を右に行くのか、左に行くのか、それともまっすぐ行くべきなのか、どれが正解なのか、論理的に考えていては絶対に答えは出ない。

こういう時に一番役に立つのは勘しかない。

もちろん、「右のほうが町並みが明るいから、駅に行くなら右だ」など論理っぽい思考で選択することもしているだろうが、それが当たっているかどうかは先に進んでみなければわからない。どこまでいっても勘なのだ。人間は先がわからなくても、運任せで平気で行動するのである。

もっともよく考えてみれば、人生などはそんな選択肢ばかりだ。

逆に事実の積み重ねをしていては答えを出すことはできない。

人工知能の研究には、この人間の曖昧さを理解しなければならないのである。

人にとっての情報不足は人工知能にとっての情報過多

人間は曖昧な状態の中で判断を下すことができる。これは裏を返せば、現実の世界は情報不足ということになる。

実際、道に迷ったということは目的地に対する情報が不足しているからだ。

人間はそれを補うために、限定合理的な推論を使う。

これをヒューリスティクスといい、情動的な思考、情報空間における自由気ままな発想を行っているから判断できるのである。

この情報空間における自由気ままな発想こそが数学的思考である。

論理的思考と数学的思考の決定的な違いはここにある。

では、人工知能が曖昧な判断ができない原因はどこにあるのだろうか？

情報不足だから起きているのだろうか？

実は違う。

人工知能が曖昧な判断ができないのは情報不足ではなく、逆に情報過多が原因なのだ。

例えば、右に行くのが正しいのか、左に行くのが正しいのかを人工知能自身が推論する場合、左右の道のアスファルトの素材の微妙な違い、色の違い、温度差、標識の有無などありとあらゆることを論理的に検討してしまう。のちほど説明するフレーム問題が発生する。

こんなことをしていたら、答えなど出るわけがない。

人工知能と人間は同じ景色であっても見ているものが違うのだ。

人間が情報不足に陥るのは必要な情報が揃(そろ)っていないことによる。ところが、人工知能は必要な情報以前に不必要な情報に振り回されて判断ができなくなっている。

この見ている景色の違いこそが重要なのである。

人工知能が見ている景色はあくまで論理的世界であり、事実の積み重ねだ。センサーを使って収集した情報を検討しているのだから当然といえば、当然だろう。犬が西向きゃ尾は東、というように当たり前の道理を積み重ねていくことで解を見つけていく。

つまり、人工知能は物理空間にいるのである。

しかし、人間の思考は違う。一瞬で「右」などと決められるのは人の思考が物理空間ではなく、情報空間にあるからだ。情報空間にあるからこそ、しばしば余計なものを切り捨て、時折不合理なものも挟み込みながら判断していけるのだ。もちろん、その判断が正解かどうかはわからないが、まがりなりにも解を導くことができるのである。

人間の思考は自然界にはない

人間の思考は情報空間にあって現実の世界、つまり自然界にはない。

考えてみれば当たり前の話で、我々の頭の中にある想像が自然界に出現するはずがない。ただ、人間はその想像を自然界にフィードバックすることができる。

だからこそ、情報不足の中でもさまざまな判断ができるのだ。

本書のテーマである数学もそうだ。

数学は自然界にあるものではない。例えば、数を数える時1、2、3といいながら我々は指を折っていくが、この行為がそもそも想像の産物だ。

指を折って数を数えるということは、指一本が数字の1に連動しているわけだが、厳密にいえば、指は手の平とつながっており、手の平は腕とつながっている。これを1というのは、人間が頭の中で、指一本を1とすると決めているからだ。

しかも、こういうルールを我々は他人と共有している。

一体どこで共有しているのかといえば、それが情報空間だ。数学が自然界ではなく、情報空間のものであることの証（あかし）だ。

思考はどこまでいっても情報空間のものであり、意識も意思も情報空間のものだ。

その一方で、コンピュータの情報処理に代表される論理は自然界にしかない。物理空間から出ることができないのだ。

しかし、そうなると不思議なことが起きてくる。

物理空間から出ることができないコンピュータがなぜ、人間との知恵比べで勝てるのか、ということだ。

ここ数年、コンピュータはプロ棋士たちに将棋で勝ち、今年（２０１６年）に入って囲碁の欧州チャンピオンにも全勝し、韓国のトッププロ李世乭９段にも４勝１敗と圧勝している。

こういった結果を目の前にすると、情報空間だ、なんだといっても、結局コンピュータによる論理的思考や統計的思考のほうが優れているように思えてしまうだろう。

ディープラーニング

２０１２年、Googleがネコの顔の画像認識に成功し、今年は囲碁のチャンピオンたちに勝利したことで、ディープラーニングが大きな注目を浴びている。

ディープラーニングとは人工知能の機械学習の１つで、多層構造のニューラルネットワークを使ってデータの特徴を学習し、事象の認識や分類を行ったりするものだ。

この技術はすでに１９８０年代、私がいたカーネギーメロン大学を中心にほとんど完成されていたが、当時、コンピュータの処理能力が追いつかず、研究が進まなかった経緯がある。近年、注目されてきたのは単純な話、コンピュータの能力が向上したためだ。Googleが開発した囲碁の人工知能AlphaGo（アルファ・ゴ）もディープラーニングによって学習している。

「日経ビジネス」の記事によれば「囲碁の局面はGoogleの社名の元になった『Googol（10の１００乗）』をはるかに上回るほど多いため、総当たり方式で『最良の手』を見つけ出すのは不可能だ。そこでGoogleのAlphaGoでは、バリューネットワークとポリシーネットワークの２つを使って、試行する範囲を絞り込む。具体的にはポリシーネットワークを使うことで次に打つ手の『幅』を、バリューネットワークを使うことで何手先まで試行するかという『深さ』を絞り込んでいる」という。

これをもってコンピュータは人間の知恵を凌駕（りょうが）したというのはいささか早計だろう。

何度もいっているように、これは統計処理なのだ。確かに、素晴らしい業績であることは間違いないだろう。ただし、これでコンピュータが知恵を身に付けたと考えるのは少し違う。

実をいうと、１９８０年代から90年代にかけて我々もコンピュータに意思が芽生えるかもしれないといった興奮というか、錯覚のようなものを感じたことはある。それはニューラルネットワークに大量に文章を記憶させていくと、やがて文法を理解するようになったからだ。定型文であれば、自ら作り出すことができるレベルにまで達していた。

いまGoogleが研究している新聞記事の自動作成などの原型はすでにこの時点で全部完成されており、コンピュータの処理速度があまりにも遅かったために実用化が不可能だっただけなのだ。

自分で文章を作り出すコンピュータ。まさに意思を持ったように感じるが、しかし結局は統計処理なのだ。

人間に囲碁で勝つのも同じで、最善手をいかに早く見つけることができるか、の競争をしているだけで、知恵や意識とは違う。

決定的に違うのは、コンピュータは人間が最初にルールを規定していることである。

前述した記事の中にもあるように、囲碁チャンプにコンピュータが勝つことができたのは、次に打つ手の「幅」と何手先まで試行するかの「深さ」を、最初に人間が規定していたためだ。

もちろん、囲碁や将棋などの最善手競争で勝てるほど現在のコンピュータは高速処理が可能になったことは素晴らしいと思う。今後、人間の能力を超えるコンピュータがいくつも出てくることは間違いないだろう。

しかし、もともとコンピュータはそのために作られたのだ。

計算をさせたら人間よりも圧倒的に早いものを作るために計算機は誕生したのである。演算が早くて当然だろう。

演算処理の高速化が進めば、必ず、チェスや囲碁、将棋などといったルールが決まったゲームでコンピュータは人間に勝てるようになるし、実際に勝った。

だからといって、そこでショックを受けるのは間違いだ。

計算機ができることは計算機にやらせればいいのである。

論理的思考は計算機がやればいい。

我々がやらなければいけないことは思考なのだ。本書でいうところの数学的思考こそが人間がやらなければいけないことなのである。

人工知能の現状を見れば見るほど、そのことが理解できるだろう。

シンギュラリティ

ところが、これを理解できない人が世の中には意外に多い。

コンピュータの性能が飛躍的に上がっている状況を勘違いし、人類の危機と捉える人たちがいる。

それが2045年問題をいう人々だ。

彼らは人間の脳の神経ユニットを超えるCPU（中央処理装置）を光速でつないだらシンギュラリティ（技術的特異点）が起こり、コンピュータは人間を超える能力を得るのではないかと心配しているのだ。このシンギュラリティが起きるのが2045年ぐらいではないかと彼らは推測している。

しかし、人間の知恵を超えるということであれば、すでにコンピュータは超えている。囲碁や将棋、チェスなどのゲームの分野つまり膨大なデータの中から最善手を探す方法はすでに人間に勝っている。音楽の世界でも、人の心を感動させる旋律の研究は進んでおり、やはり統計化できている。

文章の世界でもすでに新聞のベタ記事程度なら可能となっており、近い将来には人が読んで涙を流す小説を作ることだって可能だろう。

軍のウォーゲームプランニングも超並列人工知能がやる時代が来ている。

分野ごとに人間を超える能力を発揮していくことはまず間違いないのが人工知能の世界なのだ。

しかし、さきほどからいっているように所詮(しょせん)は計算機なのである。

最初の段階できちんとルールを入力しておけば、なんの問題もない。

逆にいえば、最初のルールのところにこそ、人間の知恵が必要になってくるのである。

そもそもコンピュータがさまざまな分野で人間を超える世界が本当に悪い世界なの

だろうか、もう一度よく考えてほしい。

すべての労働をロボットが行い、人間はその成果を享受するだけであったら、それはそれで素晴らしい世界だろう。

面白いアイデアを思いついて、それをコンピュータに話す。すると、コンピュータはそのための最善手、有効な手段などを並べて、可能であれば物理化までしてくれる。人間はどの手段を使えばいいかを命令するだけだ。

本当によく考えてほしい。その世界は決して悪い世界ではないはずだ。

結局、2045年問題をいう人はコンピュータに人間が支配されるディストピアしか想像することができないから批判するのである。

ディストピアを作るのは人間

もしも、2045年にディストピアが出現したとしたら、それは人間の悪意のせいだ。

機械学習だ、ディープラーニングだといっても、それを運用するに当たって絶対に守らなければいけないルールを先に規定しておけば、それこそ、機械であるからコンピュータは忠実にそれを守る。

囲碁で人間に勝ったGoogle の AlphaGo は強化学習に数千万回の対局をしているが、その中で囲碁のルールを破ったことは一度もないことを、人工知能が人類に危機をもたらすと思っている人は理解したほうがいい。

人間が正しいプリンシプルを持ってルールを作ればなんの問題もないのである。つまり、問題は２０４５年の人工知能ではなく、いま現在の人間の知恵であり、ルールであり、プリンシプルのほうなのだ。

ここを勘違いしているから、この問題はおかしなことになってしまう。

問題は人間の思考であり、誰もがここで紹介しているような数学的思考、情報空間の中で複雑な図形を縦横に展開させることができる能力を有することができれば、こんな問題は発生しない。

そして、もうひとつ、２０４５年問題に言及している人間の中にスティーヴン・ホーキング博士がいることでもわかるように、数学は分野が違えば、ホーキング博士であっても間違うということだ。

数学というのが現在でも拡張していること。数学の〝言語〟が多様化していること。そういう中で、一般の人たちが数学の真髄を学ぶためには、〝言語〟にこだわるのではなく、中身であり、プリンシプルを学ぶことのほうが大事だということがこれでも証明されたのではないだろうか。

数学と哲学

ともかく2045年問題のような誤解をしないためにも、人工知能の〝言語〟だけはさわりだけでも知っておいたほうがいいだろう。

ということで、「はじめに」でも少し触れた形式論理について解説していこう。

ただ、これを説明するには哲学と数学の関係から語らなければならない。

なぜなら、ルネ・デカルトはそれまであった数式を整理し、数式の演算が図形化できるようにまとめている。カントなども形式論理について誤解を交えながらも言及している。

なぜ、哲学者が数学を必要としているのか？

それは曖昧性を排除するためだ。

そもそも哲学とは知識を記述するための学問だ。ただし、西洋では、知識とは神が与えたものというのが大前提であるので、哲学は神学の一部になる。

一方、数学も知識について記述するための学問であり、哲学と同じ理屈から神学の一部であった。

すべての学問を統べるのが神学なのである。だからガリレオは地動説を唱えることで宗教裁判にかけられたのだ。神の世界の記述を間違えたとして罪に問われるのは数学や物理学が神学の一部だからだ。

数学も哲学も、神の世界を伝える方法論のひとつであった。

神の知識である以上、正確に伝えねばならないのだが、自然言語いわゆる日常生活で我々が使っている言葉は、どうしても各人それぞれの解釈や誤解が混入する可能性が出てきてしまう。また、同じ言葉でも場所によって意味することが違ったり、言語そのものが違ってしまうことすらある。

こういった曖昧性を排除するためには抽象化された記号を使うほうが正確性を確保できる。そのために、言語を記号化し、ルールを作った。それが論理式となるのだ。形式論理はこうやって作られることになった。

形式論理とは人の思考を公理系によって規定し、推論するものだ。

簡単にいえば、人間の思考を数学的に解き明かすものである。

ただし、形式論理は厳密にいえば数式ではない。数式とはいわゆる方程式のことだが、形式論理は知識を表すための形式＝論理式としてのフォーミュラを使う。

フォーミュラについてはこれから話していくが、数式にせよ、論理式にせよ、知識を表すための方法論であると認識してくれればいい。

例えるならば、ボールの投げ方と同じだ。知識というボールを上から投げたほうがいいのか、下から投げたほうがより正確に伝わるのか、人によって、学問分野によって方法は違う。しかし、投げているものは知識というボールだということである。

述語論理プレディケートロジック

形式論理とは事実上、述語論理（predicate logic）のことを指す。形式論理は基本的にはこれ以外にはないと思ってくれていい。

また、述語論理には一階の述語論理と高階の述語論理があり、現在では述語論理といえば通常、高階の述語論理のことをいう。私がイェール大学やカーネギーメロン大学でやってきたのは高階述語論理であり、これがなければ人工知能は作れなかったのだ。以前、日本が第5世代コンピュータを作ろうとして失敗したのは一階述語論理を採用してしまったためだ。

ともかく人間の知識を表すためのフォーミュラが述語論理で、例えば、左のようなものがそうだ。

$$\forall_x \exists_y P(x) \rightarrow Q(y) \quad \begin{matrix} P(x) \rightarrow tT \\ Q(y) \rightarrow tT \end{matrix}$$

一見してなにがなんだか、わからないのは、ルールを知らないからで、わかってしまえば別に難しいことではない。

∀はFor allの意味で「すべての」、∃はexistで「存在する」という意味だ。

つまり、「$\forall_x \exists_y$」の部分は「すべてのxに対して必ず、あるyが存在する」という意味だ。

また、

$$P(x) \rightarrow tT$$
$$Q(y) \rightarrow tT$$

これは真偽値といい、単にPを満たすx、Qを満たすyを意味する。

例えば、Pを食品、Qを遺伝子組み換え食品とすれば、Pは食品だからxも食品だということ。要は「ある物は食品ですか？」と聞かれて「はい」と答えていると思ってくれればいい。

yも同様でQは遺伝子組み換え食品だからyも遺伝子組み換え食品となり、「あるものは遺伝子組み換えですか」「はい」といっていることになる。

よってフォーミュラ全体（Pは食品、Qは遺伝子組み換え食品とした場合）では、

$$\forall_x \exists_y P(x) \rightarrow Q(y) \qquad \begin{array}{l} P(x) \rightarrow tT \\ Q(y) \rightarrow tT \end{array}$$

とは「あるものが食品だとすれば、必ず遺伝子組み換えバージョンが存在する」といっているのである。

なんとなく感じはわかってもらえるだろう。

言葉で伝えるとなると、さまざまな言い方があるが、フォーミュラにすればたった1つの式で書けるうえに、これを理解する人間にとっては意味も正確に伝えることが

できる。また、この形であれば、プログラムを書くこともできる。これを論理式という。

あなたはどんな命令を人工知能にくだすのか？

一見して人間の言葉には見えないだろうが、人間の言葉を記述しているのが述語論理だ。

特に、我々コンピュータサイエンティストが人工知能のプログラムを書く時は高階述語論理を使ってプログラム化している。

高階の述語論理は、自然界、現実世界にない「内省的な自我」を計算するために、コンピュータサイエンティストが作ったものだ。

なぜ、内省的な自我を計算できるのかといえば、「関数を引数に入れられるから」だが、これについては拙著『認知科学への招待』ですでに簡単に説明してある。興味を持たれた方は、本書に続いてこちらも読んでもらえば、形式論理のなんたるかが理解できるはずだ。

ともかく、いま理解できていればいいことは論理式を使えば、人間の思考ですら計算できるようになる。計算できるとは人工知能のためにプログラム化することができるという意味だ。

このプログラム化する時に重要なのがさきほど話したプリンシプルである。

２０４５年問題を引き起こし、人類をディストピアに叩き落とすか否かも、プリンシプル次第なのである。

ここで少し想像してみてほしい。

あなただったらどんな命令をくだすだろうか？

つまり、どんなプリンシプルをもってプログラムを書くのか、だ。

もちろん、あなた自身がプログラムを書く必要はない。誰か、その知識を持つ人間に書かせればいいのだが、そのプログラマーにどのように書けと命令するのだろうか。

重要なのはここなのである。

まさに数学的思考を必要とするのはこんな場面だ。どんな世界の実現をあなたは望むのか？

平和な世界だろうか？　自由を尊重する世界だろうか？

どんな世界を望むにせよ、それについてのプリンシプルを持っていなければ、現実化することはできないだろう。

もしも、曖昧な認識やいい加減なプリンシプルで命令をくだしたら、数年後、ディストピアが実現してしまうかもしれないのである。「良かれと思ってくだした命令だったのに……」といった言い訳は通用しないのである。

さて、あなたはどんな世界を望み、その実現のためにはどんなプリンシプルを持つのだろうか？

もちろん、これは単なる思考実験ではなく、あなた自身の明日の創造でもあるのだ。あなた自身が望む世界、望むゴールを実現させるためには、理想の未来とそのためのプリンシプルが必要となる。

そして、それを持つためには、情報空間を自在に操るための数学的思考がなくてはならないものなのである。

第5章

プリンシプル（原理原則）とエレガントな解

エレガントな解に導くプリンシプル

第4章では人工知能の話に触れ、述語論理での記述を試みた。これによって、ある状況を数学的に把握することが可能になる。

しかし、述語論理があらゆる分野の記述に応用が効くといってもおのずと限界もある。記述ができることと、エレガントな解に導けるかどうかは別物だ、ということだ。

やはり、情報空間の中でさまざまな事象を自由自在に動かすことができる数学的思考こそが、これからの時代にはなくてはならないものだろう。

これを得るためには不合理を理解し、ルールを決めるためのプリンシプルが必要になる。

問題を見つけるにしても、解を見つけるにしても大切なのはルールであり、公理であり、プリンシプルだ。本書の最後は、物事の原理原則であるプリンシプルについて考察していこう。

自由とはなにか？

まずは「自由」について思考してほしい。

自由とはなにか？

自由を定義してもいいし、色や形で想像してもいい。

すると、たぶん、多くの人は風船のような軽やかなものを思い浮かべるのではないだろうか。

それとも、自由と自己責任を結びつけ、自己責任を重く捉(とら)えることで、軽さとはまったく逆の四角く硬質で重々しいものになるかもしれない。自由という言葉ひとつでも、さまざまなイメージを作り出すことが可能となる。

私の場合でいえば、自由はフリーダムと定義するが、取り立てて軽やかでも、硬質でもない。あえていうならば仏教用語でいう「空」だろうか。

なぜ、フリーダムで「空」なのかといえば、そもそもフリーダムとは労働からの解放を意味しているからだ。要は、労働が「ない」ことがフリーダムということになる。ダイエット・コーラのシュガーフリーと同様に「そこにない」「なくなる」ことを意味する。

ところが、多くの人は「自由を手に入れる」という言葉に象徴されるように、新しく得るものをフリーとイメージすることが多いようだ。

たぶん、得るものだと思ってしまうから間違えるのだ。

フリーダムの定義は手に入れるものではなく、「手放す」こと。労働を手放すことであり、労働を捨てることだ。

自由とは手に入れる〝モノ〟ではなく、ない〝状態〟をいうのである。

よって、たぶん、多くの人は自由の本当の意味を知った時にあまり嬉しい気持ちにならないのではないだろうか？

このように定義の違い、イメージの違いを認識するのが数学的思考となる。

日本国憲法で否定されるフリー

では、「自由」を演繹的(えんえきてき)に考えるとどうなるか？

演繹的に考えるには公理が必要になってくるが、第２章でもいったように現実社会の公理は法律だ。

そして、自由について考える時に使う法律は日本国憲法が妥当だろう。

さて、さきほど自由とは労働からの自由、労働フリーだとイメージした。

ところが、日本国憲法ではこの労働フリーは禁止されているのである。

憲法第二七条には「すべて国民は、勤労の権利を有し、義務を負ふ」と書いてあるためだ。

勤労の権利を有すというのはわかるが、なぜ義務まで負わねばならないのか？　実に不思議な日本語だ。要は働く義務しかないわけだ。

これは大きな疑問であり、問題でもある。

日本では労働フリーなどはあり得ないということだ。

しかも、凄（すご）いのは第三項に「児童は、これを酷使してはならない」と書いてあることだろう。酷使はダメだが、働かせるのはかまわないという意味であり、もっというなら児童以外ならば酷使してもいいという文意となっている。

日本国憲法はこの第二七条だけを抜き取ってみれば、ブラック企業ならぬブラック憲法だと言い切ってもいいものなのだ。また、ブラック企業は日本国憲法に対してはコンプライアンスを守っていることになってしまう。

さらに第三一条ではこんな条文もある。

「何人も、法律の定める手続によらなければ、その生命若（も）しくは自由を奪はれ、又はその他の刑罰を科せられない」

これは「何人も生命や自由を奪われ、またはその他の刑罰を科せられることはない、法律の定める手続きを踏まなければ」という意味であり、「法律の定める手続きを踏んだ」場合は、「生命や自由を奪われ、その他の刑罰を科せられる」と読むこともできるものだ。

特に問題なのは、これが犯罪者に対する規定ではないことだろう。死刑に値する犯罪を犯した場合などに限定された話ではなく、ただ単に法律の定める手続きによらなければ、その生命もしくは自由は奪われないと書いてあるだけで、犯罪者かどうかなど関係なく、日本人全員が対象になっているところが気になる。

これは裏を返せば、法律の手続きを踏めば生命もしくは自由を奪ってもいいということになる。そして、国家は法律を作ることが可能であるから、誰かの生命もしくは自由を奪いたいと考えた時はそれを実行に移すことが可能となっている条文なのである。

日本国内における公理に従った場合の自由はこれほど不自由なものなのだ。

憲法改正に対しては右翼も左翼もいろいろいっているが、少なくとも第二七条と第三一条は変える部分があると思う。

別に私はうがった見方はしていないはずだ。

ごく普通に文意を取っただけだ。

怖いのは第九条を見てもわかるように、憲法はいかようにも解釈できること。そういう中、こういう権力側にとって圧倒的に有利な条文をそのままにしておくことはとても危険なことだろう。

憲法問題は結局最後は九条問題になって大紛糾し、なにも変わってこなかったが、変更すべき点は明らかにあることがこれでわかっただろう。

日本国憲法は自由に関して大きな問題を抱えているのである。

これが問題発見だ。

自由に関するプリンシプルをしっかり持っていれば、公理の問題が見えるのである。

自由は素晴らしいのか？

では、自由そのものはどうだろうか？

多くの人は自由を素晴らしいものだと考えている。

しかし、本当に自由は素晴らしいものだろうか？

例えば、新自由主義でいうところの自由はだいぶ眉唾(まゆつば)ものだ。ここでいう自由とは

ＴＰＰに代表される関税フリー、規制フリーを強力に推し進めるための理屈であり、公理となっているが、これを素晴らしいといっているのは日本の大手マスコミや政治家、経団連だけで、日本の消費者も中小企業経営者も、そしてアメリカの議会でさえも大反対をしている。

私たちは自由貿易といわれるとなんとなく良いイメージを抱いてしまいがちだが、それは日本の学校で貿易は保護貿易ではなく自由貿易が望ましいと教えているからだ。保護貿易は自国の産業を守らなければならない発展途上国で採用されるもので、自由貿易は先進国で行われるものだと説明されていることも影響しているだろう。

しかし、この説明はあまりにも大雑把で現実的でもない。

なぜなら世界で一番の先進国であるアメリカでは輸出農産物に多額の輸出補助金を出して、実質的に保護貿易を行っている。先進国が率先して保護貿易を推し進め、他国に対しては関税を外して自由貿易をしろと迫っているのだから、自由貿易など机上の空論もいいところだ。

日本で使っているフリートレードと、アメリカで使っているフリートレードの意味が違うのだ。同じ言葉を使ってはいても中身はまるで違うのだ。

しかも、それは日本語と英語の差であるとか、翻訳の誤りといった〝言語〟の問題ではない。

コンテンツの問題であり、プリンシプルがまったく違うから起きていることなのである。

世界各国の大多数の人々にとってのフリーは、労働からの解放を含めた行動、決定の自由だ。それは決して他人の不利益がセットになっているものではない。

ところが、ごく一部の人々、例えば、新自由主義を推進し、実質的利益を享受する巨大多国籍企業のいうフリーは、自己の行動のフリーであり、自らの欲望の解放だけを意味する。

いくら言葉を同じにし、共通のテーマを俎上（そじょう）に乗せても、ここまでプリンシプルが違えば、エレガントな解など出ようはずがないだろう。

このようにすべてがすべて自由が素晴らしいとは限らないのだ。我々は自由という言葉から感じるイメージに騙（だま）されることもある。

とはいえ、いまここで問題を見つけることはできた。そして、その解についてはすでに私はＴＰＰ関連の書籍で示している。

もし興味があれば、そちらのほうも見てほしいが、問題がわかれば、やはり解は見えてくるのである。

もともと自由という言葉は興味深い言葉であり、さまざまな解釈が可能である。しかし、我々は、ともすると自分の思うイメージだけで、自由について規定してしまって、ほかの公理やルールがあることを忘れてしまう。

それは自由に対する情報空間がとても狭くなっているということを意味する。

数学的思考は、その狭くなった情報空間を再び拡張するためにも必要なものなのである。

悩みというルール

続いて「悩み」についてイメージしてみよう。

といっても人間の悩みは千差万別で一概にはイメージしにくい。

ならば、コンピュータの悩みだったらどうだろうか？

これならばイメージしやすいはずだ。

いや、「コンピュータに悩みなんてない」などとは思わないでほしい。コンピュータにも悩みはある。

ただ、人間の悩み方とは少々違うからイメージしづらいだけなのだ。

それではイメージの練習にもなるのでロボットの悩みについて少し考えてみてほしい。

コンピュータはどんな時に悩み、どんな悩み方をするのだろうか？

コンピュータの悩みとは、「複数の矛盾するプログラムがお互いを牽制しあって動けなくなる」ことをいう。もちろんバグとは違う。もともとプログラムは矛盾だらけであり、ほんの少し高度な情報処理をさせようとすると、こんな現象はすぐに起きてしまうものなのだ。

人工知能のフレーム問題などがそれにあたるだろう。

例えば、Ｒ１と名付けられたロボットが、爆弾が仕掛けられた倉庫から貴重な壺を運び出す指令を受けたとしよう。

Ｒ１は無事に壺を倉庫外に運び出すことに成功したが、運悪く爆弾は壺の中に入っていたために壺もＲ１もともに爆発大破してしまった。

ここで問題なのは、Ｒ１は壺に爆弾が入っているのがわかっていたことだ。わかっていたのに、その意味するところ「壺も自分も爆発に巻き込まれる」がわからず、壺ごと運びだしてしまったことだ。

そこで研究者は、自分の行動によってどんな結果が起きるのかを認識できるように改良した新型ロボットＲ１Ｄ１を開発した。

そして、また爆弾が仕掛けられた倉庫に送り込んだ。今回もまた壺に爆弾が仕掛けられており、研究者たちはどんな結果になるのか、固唾を呑んで見守った。ところが、Ｒ１Ｄ１は壺の前に立ったままフリーズしてしまい、結局爆発に巻き込まれてしまう。

フレーム問題

一体、なぜR1D1は壺の前でフリーズしてしまったのか？

研究者がロボットのデータを解析したところ、R1D1は壺を動かすことで考えられる、ありとあらゆる可能性を処理していたのだった。壺を持ち上げると床にかかっていた負荷が変わる、負荷が変わったら、なにが起きるのか？　その推論が終わったら、次は壺を持ち上げたことで空気が動く。動くとなにが起きるのか？　こんなことを延々と続けていたのである。

自分の行動の結果なにが起きるのか？　ある行動の結果は、ある行動を呼び、その行動の結果はまたある行動を呼ぶ。そして、ある行動をするか、どうかの選択肢は無限大にある。そんなものを予想しようとしても、できるわけがないのである。

さきほどのコンピュータ対人間の囲碁勝負でも説明したように、たかだか囲碁の次の一手を総当たり戦で解析しようとするだけで、永遠に計算し始めてしまうのだ。現状に対して、適切な行動を取ることは簡単ではない。ならば、Ｒ１Ｄ１も囲碁コンピュータのように推論の幅と深さを規定してやれば答えは出るのではないか？

しかし、残念ながら推論の規定ができるのは囲碁のルールがあるからであり、壺の救出のように、どんなアクシデントがあるのかわからない状況で推論の幅や深さを規定することなどできない。要は、壺に爆弾が入っている時、専用の爆弾処理ロボットを作っても意味はない、ということだ。

ということで、Ｒ１Ｄ１も失敗した研究者は、目的の事象に関係ある事柄と、関係ない事柄を区別して、関係ある事柄だけを推論するように設計したＲ２Ｄ１を完成させた。

その直後、三度目の爆弾事件が発生する。今回も倉庫の壺の中に爆弾が仕掛けられていた。

今度こそ、うまくいくだろうと思って最新ロボットを送り出した研究者だったが、Ｒ２Ｄ１は倉庫の入り口で立ち止まって倉庫内に入ろうともしない。なんとロボットは倉庫の入り口で、目的の事象に関係ある事柄と、関係ない事柄の選別を延々と始めてしまったのだ。

これが人工知能の開発初期から問題視され、現在でも解決できていないフレーム問題といわれるものだ。

強制終了

ともかく、コンピュータも悩んだ時にはフリーズするのである。少なくとも外から見ればそう見える。

あるいはメモリ量が少ないパソコンで動画を見るようなもので、重くて動かないのが、コンピュータの悩みといったところだろう。

では、パソコンがこんな状態になった時あなたはどうするだろうか?

たぶん、ほとんどの人が強制終了するはずだ。

その後、再起動をかけてメモリ使用量を減らして同じ作業をするだろう。

人間の悩みも実はこれと同じだ。

矛盾するプログラムが干渉しあって動かなくなっているのが悩みであり、それはコンピュータであっても人間であっても変わらない。

ということは、解決法も同じで強制終了するのが一番なのである。

人間でいえば、悩むことを強制的にやめるのだ。

「そんなことができれば世話はない。人間とコンピュータは違う」という人もいるだろう。

しかし、私は一緒だと思う。

試しに実行してみればいい。

悩みは、悩むのをやめることで確実に解消する。

これは間違いない。現に私はそれをやっている。

実はこれが悩みを解決するための最もシンプルな解、エレガントな解なのである。

宗教という解

宗教も悩みに対する、シンプルな解の1つだ。

悩んでも答えが出ない時に「神に聞く」と決めることはフリーズ状態からの脱出法となる。

ただし、宗教を信じていれば悩みは生じないかといえばそうではない。悩んだ時の解決法、要はエッセンスがしっかりあることが重要だ。

もちろん、既存の宗教はしっかりしたエッセンスを作っている。モーゼの十戒(じっかい)や釈迦(しゃか)の八正道(はっしょうどう)などがそうだろう。

これがプリンシプルであり、悩んだ時はここに立ち返るという原則を決めておけば苦悩から解放されることになる。

ただし、このやり方は選択肢を極端に狭くすることで成り立っている。さきほどのロボットの話でいえば、「壺に入った爆弾専用の処理ロボット」を作るようなもので、私が勧めるものではない。

また、途中で選択肢を変えたいと思った時には相当苦しい思いをすることになる。

２０１４年、マザーテレサの書簡集『マザーテレサ　来て、わたしの光になりなさい！』が出版された。これは07年に出版された彼女の書簡集『Come Be My Light』の日本語版で、彼女は信頼できる神父や司教に心の中の悩みや苦しみを手紙で打ち明けていたのだ。彼女の苦悩はインドの貧民窟で奉仕活動を始めて1年ほど経ったあとから始まっている。

「わたしのうちに神は存在しません」

「神はわたしを望まれない。神が実在しないというその喪失による激しい痛みを感じます」

「わたしには信仰がないのです」

マザーテレサの手紙にはこんなショッキングな言葉が並んでいた。

誰もが理解しているとおり、彼女ほど神に全身全霊を捧げた人はいないだろう。現代において神が定めたプリンシプルに殉じた人だ。そう誰もが思っていたのだが、彼女の胸の内には苦悩や後悔、絶望感が渦巻いていたのである。

宗教をプリンシプルと決めた時、特に一神教をプリンシプルにする時は、絶対に変えないと決めることが大切だ。

もしも、途中で変えてしまったら、それまでの選択を悔やむだろう。それまでの生き方、人生をも否定してしまうことになる。

宗教だけではない。占いでも、スピリチュアルでもなんでも、絶対的なものをなにかひとつプリンシプルに決めるのは諸刃の剣であることを理解してほしい。

結局、マザーテレサは、その心の闇そのものを神が与えたものだと受け入れることでようやく救われた。それが救われたといえるのかどうか、我々にはわからないが、いずれにせよ、一度、決めた解決法はよっぽどのことがない限り変えないほうがいい。そうしないと必ず後悔する。悩みを解決しようとして悩みを増やすことぐらいバカげたことはない。

ビジネスの悩み

それではビジネスに関する悩みはどうだろうか？

日本のビジネスパーソンが抱えている仕事上の悩みには、ある根本的な問題が存在する。その根本的な問題が形作られた原因のひとつはアメリカ式ビジネスが日本に入ってきたことによる、と私は見ている。

このアメリカ式ビジネスを日本にも持ち込んだのが外資系経営コンサルタントだ。彼らが日本に進出して40年、その間、大企業からのＭＢＡ留学などがもてはやされたが、これは本当に日本人に役立つのだろうか？

まず、アメリカ式ビジネスを一言でいうならば勝負至上主義だ。

要は、弱肉強食の世界で、負けた者は勝った者に食われる非情の掟。それがビジネスだというものだ。

しかし、本当にそうだろうか？

よく考えてほしい。

ビジネスの目的は儲けることであって勝ち負けをつけることではない。お金を儲けることと誰か敗者を作ることと同義のようにいっているからおかしなことになってしまうのだ。

プレゼンテーションのテクニックなどまさにそうで、どんなに繕ったところで、ほかの人よりも有利に立ち、相手に勝つための方法がプレゼンの手法だ。

私もよく知っているシリコンバレーのビジネスは会計士と弁護士、そしてプレゼンが上手な人間によって行われていた。彼らは、こんな素晴らしいモノができるというプレゼンをやって資金を調達し、その資金を使ってエンジニアを雇い、素晴らしいモノを作るのである。金集めが先でモノ作りはあとなのだ。

昔ながらのビジネスであればこんなことは考えられない。素晴らしいモノを作るのが先であり、その素晴らしさを現実に見せることで、資金を集めるのがまっとうなやり方だ。少なくとも日本ではそういう考えだ。

しかし、当時のシリコンバレーには優秀な技術者が大勢いたので、そんな主客逆転したようなやり方でも、エンジニアさえ集めてしまえば素晴らしいモノが作れてしまい、つじつまが合ったのである。

これはなにもシリコンバレーに限ったことではない。企業買収でも同じで、レバレッジド・バイアウト（ＬＢＯ）というやり方はまさにその典型といっていいだろう。なにしろ、ＬＢＯはこれから買収する相手の会社を担保にして、買収資金を集めるものだからだ。

日本人からすればあり得ないメチャクチャな論理だろう。「俺はあの会社を買いたいと思うから、あの会社を担保に金を貸せ」といっているようなもの。デタラメにもほどがあると多くの日本人は感じるだろう。

ところが、アメリカ式ビジネスはそうではない。

しっかりしたプレゼンテーションをし、納得すれば、投資する人間がいるのである。アメリカ式ビジネスとはプレゼンありきのものなのである。

ただし、プレゼンテーションの内容のすべてが真実だとは限らない。当然、誇大な表現や希望的憶測、ウソもまじっている。それでもプレゼン次第で金を出す世界ということだ。

果たして、そんなビジネスのやり方が日本に合うだろうか？

日本式ビジネス

日本式ビジネスは、社長から新入社員まで完全にお互いを信頼しており、判断を間違えることはあるかもしれないが、騙(だま)したり、裏切ったりすることなどあり得ないという、世界だ。大企業も中小企業も日本の企業のほとんどがそういう会社だといっていいだろう。

そういう中では、プレゼン能力など必要ない。互いに10年、20年、会社に在籍し、あいつはあれが苦手で、これは得意だと全員がわかっている世界。「あいつは口下手だから」ということまで理解し、それなりに話を聞いてやろうとするのが日本の会社であり、日本社会だ。

なんといい世界だろうか。

そもそもクライアントは優秀なプレゼン技術を持っている人間がほしいわけではない。ほしいのは優秀な商品やアイデアのほうだ。

ところが、プレゼン技術が先行してしまうと、良い商品、良いアイデアを押しのけて、製品的にはイマイチだがプレゼン技術が良いほうが採用されてしまうことだってあり得る。

我々は選挙で「国会議員にふさわしい人間」を選びたいと思っているのであって「国会議員にふさわしいと主張するのが得意な人間」を選びたいわけではない。ところが、実際には自己主張がうまい人間ばかりが国会議員になっているのが現実ではないだろうか?

私がプレゼンの技術やコンサルの技術について本末転倒だというのはこのことをいっているのである。

日本式のビジネスに合わない、弱肉強食の世界、プレゼンの世界が導入されたことによって、日本のビジネスは歪(ゆが)んでしまったということだ。

失敗を隠す文化

では、アメリカ式ビジネスを排除すればいいのかといえば、そんなことはない。日本式ビジネスにも大きな欠点がある。それは失敗を隠すことだ。

その典型が東京電力だ。

東日本大震災の時、被災した福島第一原発は地震から3日目ですでにメルトダウンしていた。ところが、東電はその事実を2ヶ月間も公表しなかった。

アメリカではこんなことは許されない。なぜなら、うまくいかなかった時のことを想定し、ルールに入れてあるからだ。それがコンプライアンスである。

一方、日本式ビジネスの欠点はうまくいかない時のことはなるべく考えたくない、失敗した時のことは想定したくないという部分があることだ。

そういう中で、トラブルが発生した場合、日本の企業は得てして、トラブルそのものをなかったことにしよう、揉(も)み消そうとしてしまう。

東電がまさにそうだったし、最近では花粉症についての行政の対応にも問題が発生している。

皆さんは2016年の3月8日付けの毎日新聞にこんな記事が載ったのをご存知だろうか？

「(安倍) 首相は7日、参院予算委員会の合間に衆院医務室で受診した。政府関係者によると花粉症の症状が強くなったためで、『去年より早い』という。」

2015年3月、安倍晋三首相は、自ら花粉症であることを明かしていた。その上で、「花粉症は政府をあげて対応すべき大きな課題だ」と国会で述べ「スギ花粉症は国民の約3割が罹患（りかん）していると言われておりまして、社会的に、また経済的にも大きな影響を与えていると思います。来年度から発生源の杉の伐採と同時に、花粉の少ない苗木への植え替えを支援していく。花粉の少ない森林への転換をしっかり進めていきたい」と宣言していたのである。

ところが、それから約1年、具体的な植え替えのための支援策はいまだ行われず、「花粉の少ない森づくり運動」という募金運動が始まっているだけなのである。

なぜ、こんなことになっているのかといえば、林業の補助金をめぐる利権、製薬会社の利権などにもよるのだが、その根本には行政が失敗を隠そうとしていることにある。

そもそも杉花粉が大量に出るのは日本の山が杉林に変わったからだ。1960年、池田勇人内閣は所得倍増計画の林業版として、全国のブナ林を杉林に変える計画を実行した。これによって国土の20％が杉林となり、この杉が2000年頃に成木となり、花粉を大量に出すようになっていたのだ。現代人が花粉症に悩むのは、池田勇人内閣時代の林業政策の失敗なのである。

というふうに原因は簡単に摑(つか)めるのである。

行政は、これを早々に認めて、杉を切り、ブナなどの広葉樹を植え直せば、問題は解決できるのだが、なぜか行おうとしない。

花粉症に悩む内閣総理大臣が「発生源の杉を伐採し、花粉の少ない苗木を植えていく」と国会で宣言しているのにもかかわらず、従わないのはどういうことであろうか？

それは役所特有の体質で、これまでの方針を変えるのは先輩の顔にドロを塗ることになる、という考え方だ。

上司や先輩を１００％信用する、あるいは否定しない、という日本式ビジネスの負の部分がここに集約されていたのである。

正しいビジネス

こういった考えはなにも大企業や役所だけの問題ではない。

失敗を隠す、不正を見逃すなどコンプライアンスを厳守しようとしない考え方は、日本のビジネスのみならず、現代の日本人の多くが持っているといっていいだろう。

「赤信号みんなで渡れば怖くない」など、こんな言葉がいまだに残っているのだ。

赤信号は守らなければ、車に轢(ひ)かれる可能性がある。その可能性を考慮し、それでもいまなら渡れると思えば渡ればいいだけの話。誰といようが関係ないし、怖いも怖くないもない。

大切なのは、ルールを守るということであり、守らなければ罰則があるということ。それでもやりたいと思ったら、自己責任でやればいいのである。

すべてはルールであり、コンプライアンスの世界なのだ。

アメリカ式ビジネスは、そこが厳格なのだ。

多民族国家であり、人は信用できないことをしっかり理解して、それを基準に契約社会を作ってきたのがアメリカのルールだ。

確かにＬＢＯはメチャクチャな論理だろう。しかし、それはルールに則っている。ルールそのものが突拍子もないものであっても、一度決まったルールはアメリカ式ビジネスは守るのだ。

その一方、日本式ビジネスは、曖昧なルールを曖昧に運用しているだけだ。

一体どちらが正しいと皆さんは思われるだろうか？

プリンシプル

その答えは、あなたにとってどんなビジネス宇宙がいいのかによるだろう。

日本式のナアナア感覚が良ければ、原発事故のような隠蔽（いんぺい）は今後も減らないだろう。

また、花粉症を発症する人間は今後も増えていく。

アメリカ式を選ぶとなれば、日本にはあまり合わないプレゼン社会が到来するだろう。

では、どうしたらいいのか？

こういう決めにくい二者択一の場合、日本では折衷案が好まれる。両方のいいとこ取りというわけだが、そんなことをしてもあまり意味はない。

大切なのはいいとこ取りではなく、プリンシプルのほうだ。

本質的に数学的思考というのは自分の好きな分野に広がる宇宙の中で、目に見えないプリンシプルを理解することにある。

日本式ビジネスであれば、日本式ビジネスの中で、どうすれば上手に次世界をリアルにイメージすることができるかどうかが数学的思考となる。

自分のビジネス宇宙の中で大切なものはなにか？　それはどんな法則で動いているのかを理解することだ。

具体的にいえば、誰のための商品なのか？

どこの誰に役に立つ商品であるのかがわかればルールも見えてくる。

ただし、ここで重要なことは、「その宇宙におけるプリンシプルは額面どおりに理解していなければいけない」ということ。

「プリンシプルは額面どおりに理解する」

「原理原則は勝手に解釈してはいけない」

これは絶対なのだ。

例えば、東電にはメルトダウンに関するコンプライアンスが震災の前から存在していた。それに従って行動していれば、メルトダウンした瞬間に発表できていたのだ。

杉の伐採にしても、総理が命じた以上素直に従うべきなのだ。

補助金で潤う人たちや族議員、花粉症関連で儲かる製薬会社、そして先輩たちの顔にドロを塗らないようにするには？　など、余計なことを考えるから、動けなくなるのである。

トップの意向を額面どおりに受け止めていれば、花粉の飛散が「去年より早い」などということはまずなかっただろう。

数学的思考

多くの人は論理的思考を数学的思考と考えがちだが、数学的思考は論理的思考よりも遥かに大きな宇宙なのである。なぜなら、論理学は数学の一分野でしかないからだ。そして、数学的思考とはプリンシプルを維持した上で公理を見つけ出すことなのである。

これは国防も同様だ。国防のプリンシプルとは「専守防衛」だ。

ところが、いざ国防論議が始まると、多くの政治家や官僚たちは専守防衛を忘れてしまう。

自分勝手な都合で〝解釈〟を加えてしまうのである。

いわく、防衛するには武器が必要だ。

武器を買うためには大きな予算も必要だ。そのためには国防費の増額が必要だ。

国を守るためには同盟国との連携も必要だ、そのためには法律の改正も必要だ。

これのどこにプリンシプルである「専守防衛」があるのか？

日本は専守防衛といいながら、肝心なところで、それを活用しようとしないから間違った選択をしてしまうのだ。

もちろん、日本を防衛するためには、当然武器が必要となる。大きな予算も必要だ。憲法の改正も法律の改正だって必要となる。

そういう状況の中で、日本は常に中途半端に見える対応を繰り返してきた。それは国防論議にプリンシプルがないからだ。

いや、プリンシプルたり得る概念はすでにあるのだが、それを認識できておらず、形骸化(けいがいか)させてしまっているのでうまく使えていないのだ。

いままでのようなやり方は一切やめて「専守防衛」をプリンシプルとしたらどうなるか？

まずはどんな武器を買う必要があるのか即座にわかるはずだ。

現状日本に対して、攻撃を行いそうな国はどこか？　中国か、北朝鮮か？　彼らに対して有効でなおかつ、専守防衛を守ることができる最高の部隊はサイバー部隊となるだろう。仮に世界最強のサイバー部隊が完成すれば、日本に核ミサイルの標準がセットされた瞬間に、たちどころにそれを解除することができる。敵国のインフラ設備を一瞬でダウンさせることだって可能となる。いまや核ミサイルよりも破壊力があり、使い勝手のいい武器はサイバー攻撃をおいてほかにないのだ。このサイバー軍を基軸とし、海と空の警戒網を構築していけば、専守に特化した世界でも稀（まれ）に見る軍隊が完成するだろう。

これが防衛に関するエレガントな解だ。

防衛でいえば、我々はアメリカという国に対しても解を持たなければならないだろう。

まず、彼らのプリンシプルは防衛でもビジネスでも一貫して「弱肉強食」だ。富めるものはますます富み、貧しい者はますます貧しくなる。

しかし、私は日本までそれに毒される必要はないと思っている。日本だけではない。アメリカという国も含めて世界は「弱肉強食」以外のプリンシプルで行動すべきだと思っている。

そのプリンシプルが「平和共存」だ。

このプリンシプルを額面どおりに受け取って、情報空間で数学的思考を駆使することができれば、世界は変わるのである。

思考は整理しない

プリンシプルを見つけるには、自分がいまいる空間をリアルに見ることが必要になる。

そのために必要なことは経験を積むことだ。

プロのビジネスパーソンならば、それぞれの分野のビジネスの中で、ある特定の品目の動きを見ながら、これはヒットするという感覚がわかるはずだ。

編集者でいえば、こんな本が売れそうだという感覚をそれぞれに持っているはずだ。それが正しいのである。

答えは知識だ。経験も含めた知識から生まれてくる。

しかも、それは大量に必要となる。整理整頓（せいとん）など追いつかないほどの膨大な量で、系統だったものも、雑多なものも区別なくたっぷり混ざり合って混沌（こんとん）となっている知識。そういった、知識のカオスの中から統合的感覚であるゲシュタルト（形態・形）が生まれ、ヒットの予感が立ち上がってくるのである。では、そういった感覚はどこから生まれてくるのだろうか？

大切なのは知識のカオスなのだ。

カオスはカオスのまま整理するものではないのだ。新しいものは混沌としているところからしか生まれてこない。

なぜなら、整理するということは必ず過去の視点を入れることにつながってしまう。

過去の法則、過去の結果によって判断するから整理は可能となるだろう。

しかし、新しいことをしようとするのに、過去の結果、過去の判断がなんの役に立つのだろうか？

新しいものは過去の物差しで測れないから新しいのだ。それを無理矢理、既存のスケールに押し込もうとしたら、新しいものなど決して生まれてこない。

新しいものとはなにか？

それは常に創造＝イメージが先にあって、そのイメージを現実化させる時に、物理空間の制約に準じたものなのだ。

ライターを発明した人は、ライターという造形物を作ろうとしたわけではなく、簡単に火が出るものを作ろうとしたはずだ。

そのためにあれこれ試行錯誤するうちに現在の形になったのがライターだ。

物理的な制約の中で、自然にこの形に落ち着いたのである。

自由な発想が先にあって制約はそのあとからやってくるのだ。

ひらめきは混沌の中からしか生まれないのである。

もちろん、より良くひらめくにはやり方を知っておく必要がある。

それはイメージを縦横に広げる能力であり、混沌を混沌として受け止める力でもある。不条理や不合理も当たり前に飲み込みながら、公理には従う自制だって重要だ。

そして、なによりも創造を行うためのプリンシプル、原理原則を自分自身が心底から理解していることが必要になる。

では、こういったものを身に付けるにはどうすればいいのか？

この世のルールや出来事、感情などあらゆることを情報空間の中で図形化、立体化して理解してほしいのだ。そのやり方はこの第5章で示したとおりだ。自由とはなにか？　悩みとはなにか？　レトリックとはなにか？　を私は本章で展開している。

これらを例に、自分を取り巻くすべての世界を自由自在にイメージしてほしい。

そうすれば突然、問題が見えてくる。突然、理解がやってくる。

そして、エレガントな解があなたの目の前に一瞬にして出現するのである。

おわりに

からくりを知っている人と、知らない人の違いはなんだろうか？

ある商品を見て、原価やライセンス料がたちどころにわかるというのがビジネスのからくりを知っている人だ。こういう人は、その商品の裏側に走っているものが見えている。それに関わる因果関係、物理的な原理も含むものが見えている。これが、宇宙をイメージできるということだ。

頭がいいとは、このイメージができることをいうのである。

本書ではこれをずっと数学的思考と呼んできた。

自分の目の前の世界を常に、豊富な知識を使って立体的なイメージとして捉える。そうやって世界を見る。すると無知な人と知識のある人では見えている世界が違ってしまうのだ。

実は先日、新聞を読んでいる時にそれを痛感したばかりだ。

今年（2016年）2月17日付の朝日新聞に「イラン、産油量据え置きに合意　サウジなどと協調へ」という見出しの記事が載った。

内容は「原油の増産に前向きだったイランが17日、産油量を据え置くとしたサウジアラビアやロシアなどの合意の提案を、受け入れる意向を表明した」というもので、イランの協調によって「供給過剰や原油安に歯止めがかけられるかが注目される」と結んでいる。

朝日のこの記事を読むと、今後原油価格は上がり、石油関連株の価格も上がるだろうと大抵の人は予想するはずだ。

しかし、この記事は誤報だったのだ。

というのもイランのザンギャネ石油相は「サウジとロシアが原油生産量を1月水準で維持することを歓迎する」といっただけで、イランが増産をやめるとは一言もいっていないのである。

実際、ロイターの同日の記事は「イラン、原油増産凍結合意への支持表明　協調に応じるか明言せず」であり、ブルームバーグも「イラン石油相：原油生産量の維持を支持―自国の生産抑制言明せず」となっている。時事通信が朝日に近く「イラン、増産凍結を支持＝産油国合意へ前進」という見出しを掲げているが、記事内では「イランが実際に増産凍結に踏み切るかは不明だが」と一言言及している。各紙ともイランのザンギャネ石油相の言葉を鵜呑みになどしていないのだ。

それはそうだろう。イランは核開発問題をめぐる経済制裁の解除を受けたばかりで、これから石油を増産しようとしているところ。石油輸出国機構（OPEC）によれば、同国の1月の産油量は日量292万5000バレルで前月よりは増えているものの、制裁前は400万バレル弱も生産していたのである。増産はこれからなのに、なぜ凍結などしなければならないのか。実際2016年3月31日の時点ではイランは価格を下げてまで増産している。

「サウジらの石油生産量の凍結を歓迎する」といったザンギャネ石油相の発言にしても、イランとすれば、ライバルが生産しない分、自国の石油が売れるのだから、〝歓迎〟に決まっているだろう。

それ以前にもともとサウジアラビアとイランは戦争状態にあった国。サウジの提案にイランが簡単に賛意を示すわけがないのだ。仮に賛意を示したとしても両国の関係を知っていれば、「これはおかしい」と思うのが普通だろう。

ところが、朝日はなんの疑いもなく、イランがサウジの決定を歓迎と書いてしまい、原油安に歯止めがかかるとまで書いてしまった。

一体どうしたことだろうか？

朝日新聞は記者の質がとことん落ちてしまったのだろうか？　その可能性は十分にある。なにしろ、原油安への歯止めにとまで書いたのは私が見た限り、朝日だけだからだ。

仮に朝日に対してなにか理由を見つけてあげるのであれば、現政権から、まもなく石油価格が回復すると書けという圧力がかかってしまって、こんな記事を書いたのかもしれない、といったところか。

いずれにせよ、朝日の記者には数学的思考以前に知識が足りないことは確かだろう。この程度の知識は記者としては知らないとお話にならない。

とはいえ、この世のすべての知識を知っておくことも不可能だ。誰にだって知らないこと。未知のものはある。

そんな時にも使えるのも数学的思考なのだ。

なにしろ、理不尽で不合理にも対応できる思考なのだから情報不足であっても対応できる。

対応の仕方はイメージを使う。

さきほどの記事で言えば、アラブの話である以上、戦争状態が長く続いていた国々だということぐらいは小学生だって知っている。もし知らなかったとしたら、一般常識として会議は紛糾するものだ、ぐらいはわかるだろう。知識として知らなかったとしても体験でわかるはずだ。

要は、一般常識と体験からイメージするのである。

そうすれば、会議の結果や談話を鵜呑みにしてはいけないことは即座に予想できるはずだ。予想できたら調べる。そうすれば、少なくともあんな間違いはしないはずなのだ。もっとも朝日新聞の誤報は記者としてどうかと思えるレベルの話なので若干説得力に欠けるかもしれないが、原理はそういうことだ。一般常識や体験から類推し、イメージを膨らませることは可能なのである。

そもそもイメージとは、わかりにくいものを即座に理解するためには不可欠なものなのだ。

もしも、なかなかうまくできないというのであれば、ひとつトレーニング方法をご紹介しよう。

それは喩え話だ。あるもの、ある事象を他人にわかるように一言で喩えることがイメージの訓練となる。自分の仕事の分野の専門知識や専門用語を、一般的な言葉、日常会話で言い換える。

そうすれば、発想は飛躍的に上がってくるだろう。

何度もいうが、やってみれば簡単なのだ。

数学的思考がどういうものであるか、しっかり理解し、その上で、立体的イメージを構築できれば、すべてのことがクリアになってくるだろう。

数学的思考はあらゆることを可能にする思考なのである。

ぜひ、トライしてほしい。

本書は2016年5月に小社より刊行した『すべてを可能にする数学脳のつくり方』を改題した新書版です。

本書をご購入いただいた読者特典！

苫米地先生の秘蔵の博士論文を読者のみなさまにプレゼントします

私が1992年に書いた論文を2つ添付しておく。ともに超並列言語処理についての研究で、最初の「超並列自然言語処理」が包括的な論文となり、2つ目の「超並列制約伝播による主辞駆動型自然言語処理」が具体的なアルゴリズムに関して書いてある。当時はCPUパワーが1000万倍ぐらい足りなかったので研究はなかなか進まなかったが、現在ならば可能だ。ところが、現状の自然言語処理はここに書かれている内容まで到達していないのが残念でならない。関係者の奮起を期待したい。

（著者より）

パソコンからはこちら

http://bit.ly/2NaqOuD

ケータイ端末からはこちら

QRコード

著者略歴

苫米地英人（とまべち・ひでと）
1959 年、東京都生まれ。認知科学者、計算機科学者、カーネギーメロン大学博士 (Ph.D) 、カーネギーメロン大学 CyLab 兼任フェロー。マサチューセッツ大学コミュニケーション学部を経て上智大学外国語学部卒業後、三菱地所にて 2 年間勤務し、イェール大学大学院計算機科学科並びに人工知能研究所にフルブライト留学。その後、コンピュータ科学の世界最高峰として知られるカーネギーメロン大学大学院に転入。哲学科計算言語学研究所並びに計算機科学部に所属。計算言語学で博士を取得。徳島大学助教授、ジャストシステム基礎研究所所長、通商産業省情報処理振興審議会専門委員などを歴任。
苫米地英人 公式サイト http://www.hidetotomabechi.com/
ドクター苫米地ブログ http://www.tomabechi.jp/
Twitter http://twitter.com/drtomabechi (@DrTomabechi)
携帯公式サイト http://dr-tomabechi.jp/

夢を実現する数学的思考のすべて

2019年２月15日　第１刷発行

著　者　苫米地 英人
発行者　唐津 隆
発行所　株式会社ビジネス社
〒162-0805　東京都新宿区矢来町114番地 神楽坂高橋ビル5階
電話　03(5227)1602　FAX　03(5227)1603
http://www.business-sha.co.jp

印刷・製本　大日本印刷株式会社
〈カバーデザイン＆本文組版〉茂呂田剛（エムアンドケイ）
〈編集担当〉本間肇
〈営業担当〉山口健志

ISBN978-4-8284-2049-3

ビジネス社の本

自分のリミッターをはずす！
完全版 変性意識入門

苫米地英人……著

定価 本体1400円+税
ISBN978-4-8284-1981-7

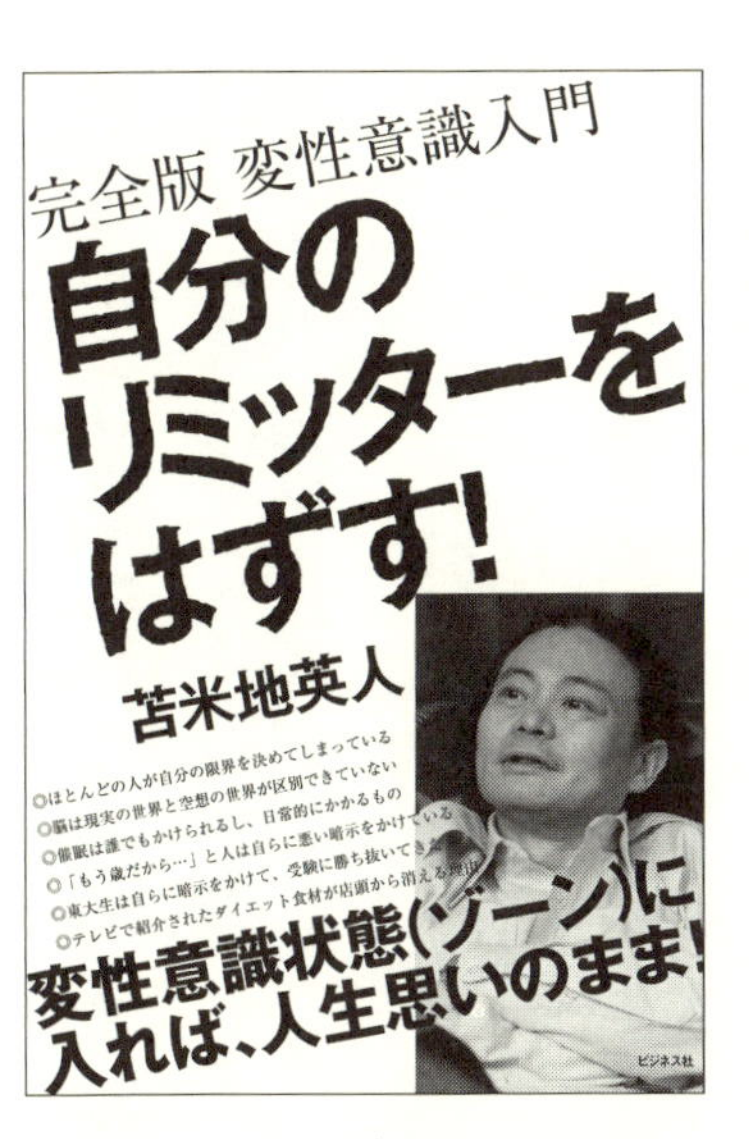

変性意識状態（ゾーン）に入れば、人生思いのまま！
苫米地博士の変性意識理論の集大成！
これを理解できれば、あなたの潜在能力は１２０パーセント発揮される!!

本書の内容